DIE ROTKNIEVOGELSPINNE
BRACHYPELMA HAMORII
(FRÜHER: *BRACHYPELMA SMITHI*)

Boris F. Striffler

Die Rotknievogelspinne

Zwei Rotknievogelspinnen kurz vor der Kopulation: Das Weibchen knickt wenige Augenblicke später ab und das Männchen kann seine Kopulationsorgane einführen

Inhalt

Vorwort 4
Systematik, Taxonomie und Aussehen 6
Verbreitung 10
Anatomie 12
Häutung 16
Lebensweise 20
Gift und Brennhaare 22
Haltung im Terrarium 24
  • Rechtliche Grundlagen 24
  • Auswahl der Tiere 25
  • Krankheiten 29
  • Wildfang oder Nachzucht 30
  • Zoohandel oder Züchter 30
Das Terrarium 32
  • Verschiedene Terrarientypen 34
  • Bodengrund 35
  • Verstecke 36
  • Bepflanzung 37
  • Beleuchtung 38
  • Heizung 39
Pflege 40
  • Fütterung 41
  • Wasser 42
  • Reinigung 42
Vermehrung 44
  • Paarungsvorbereitung 45
  • Paarungsbecken 47
  • Die Paarung 47
  • Entwicklung 51
  • Aufzucht 55
Resümee 60
Dank 60
Weitere Informationen 60
Verwendete und weiterführende Literatur 62

Bildnachweis: Alle nicht anders gekennzeichneten Bilder sind von Boris F. Striffler

Die in diesem Buch enthaltenen Angaben, Ergebnisse, Dosierungsanleitungen etc. wurden vom Autor nach bestem Wissen erstellt und sorgfältig überprüft. Da inhaltliche Fehler trotzdem nicht völlig auszuschließen sind, erfolgen diese Angaben ohne jegliche Verpflichtung des Verlages oder des Autors. Beide übernehmen daher keine Haftung für etwaige inhaltliche Unrichtigkeiten. Alle Rechte, insbesondere das Recht der Vervielfältigung und Verbreitung sowie der Übersetzung, vorbehalten. Kein Teil des Werkes darf in irgendeiner Form (Druck, Fotokopie, Mikrofilm oder andere Verfahren) ohne schriftliche Genehmigung des Verlages reproduziert oder unter Verwendung elektronischer Systeme verarbeitet, gespeichert oder vervielfältigt werden.

ISBN 978-3-937285-10-8   10. Auflage 2026

© 2004 Natur und Tier - Verlag GmbH   Geschäftsführung: Matthias Schmidt
An der Kleimannbrücke 39/41   Lektorat: Kriton Kunz & Heiko Werning
48157 Münster   Layout: go autark – rupp & hogeback GbR
www.ms-verlag.de   Druck: WmD, Backnang

Vorwort

GLEICH vorneweg: Ein bisschen verwirrend ist die Geschichte um den wissenschaftlichen Namen der hier vorgestellten Art ja sicher schon ... So lautete er denn auch im Titel früherer Auflagen dieses Buchs *Brachypelma smithi*. Unter dieser Bezeichnung war die Rotknie-vogelspinne jahrzehntelang be-kannt – und ist es sicher bei vielen Hobbyfreunden noch immer.

Allerdings wurde im Jahr 2017 eine Revision der Gattung veröffentlicht, also eine Überarbeitung: MENDOZA, J. I. & O.F. FRANCKE (2017): Systematic revision of *Brachypelma red-kneed tarantulas* (Araneae: Theraphosidae), and the use of DNA barcodes to assist in the identification and conservation of CITES-listed species. – Invertebrate Systematics 31(2): 157–179. Darin stellten die Autoren zum einen fest, dass die Bezeichnung *Brachypelma annitha* ein Juniorsynonym von *Brachypelma smithi* darstellt – somit sind die früher im Hobby als *B. annitha* betrachteten Tiere heute korrekt als *B. smithi* (F. O. PICKARD-CAMBRIDGE, 1897) anzusprechen. Dagegen handelt es sich bei den Exemplaren, die zuvor stets als *B. smithi* eingestuft worden waren, tatsächlich um *B. hamorii*. Die Art, der sich der hier vorliegende Ratgeber der Reihe „Art für Art" hauptsächlich widmet, ist somit *Brachypelma hamorii* TESMOINGT, CLETON & VERDEZ, 1997.

Also zusammengefasst:

früher	aktuell
Brachypelma annitha ->	*Brachypelma smithi*
Brachypelma smithi ->	*Brachypelma hamorii*

Weitere Details dazu sowie zu den Unterscheidungsmerkmalen finden Sie in der oben zitierten Arbeit sowie in MENDOZA, J. I. & O.F. FRANCKE (2020): Systematic revision of Mexican threatened tarantulas *Brachypelma* (Araneae: Theraphosidae: Theraphosinae), with a description of a new genus, and implications on the conservation. – Zoological Journal of the Linnean Society 188(1): 82–147.

Aufgrund ihrer nahe zusammenliegenden Verbreitungsgebiete im Westen Mexikos sowie der vergleichbaren Lebensweise sind die Haltungsansprüche von *B. hamorii* und *B. smithi* sehr ähnlich. Somit lassen sich die

Vorwort

meisten Angaben in diesem Buch zu *B. hamorii* auf *B. smithi* übertragen – diese Art ist in Deutschland und weiteren europäischen Ländern ebenfalls nach wie vor in Haltung und Zucht. Auch wenn die Haltung dieser Spinnen relativ einfach ist, so gibt es doch einige wichtige Grundsätze zu beachten. Beherzigt man diese, so ist die Rotknievogelspinne auch dem Anfänger in der Vogelspinnenhaltung zu empfehlen.

Mit diesem Ratgeber möchte ich die Erfahrung von gut 20 Jahren Vogelspinnenhaltung wiedergeben. Ich selbst bekam als Kind meine erste Vogelspinne geschenkt, und da mir weder Internet noch entsprechende Literatur zur Verfügung standen, beruhte die Haltung zu Anfang praktisch ausschließlich auf eigenen Beobachtungen und Erfahrungen. Ich möchte Ihnen ersparen, einige dieser Erfahrungen, die aufgrund fehlender Information zustande kamen, selbst machen zu müssen. In diesem „Art für Art"-Buch fasse ich daher die verfügbaren Informationen und besonders meine Erfahrungen mit *Brachypelma hamorii* zusammen, sodass es nicht nur dem Anfänger eine umfassende Einführung zu dieser faszinierenden Vogelspinne gibt, sondern auch dem erfahrenen Halter als Referenzwerk dienen kann.

Ich wünsche Ihnen viel Erfolg und Freude an der Haltung, Beobachtung und Nachzucht dieser wunderschönen Art!

Boris F. Striffler

Im vorderen Bereich des Carapax ist gut der Augenhügel mit den acht Augen zu erkennen.

Systematik, Taxonomie und Aussehen

WELTweit gibt es mehr als 1.030 verschiedene Vogelspinnen-Arten, die alle zu einer Familie, den Theraphosidae, zusammengefasst werden. In dieser Familie sind zurzeit mehr als 150 verschiedene Gattungen beschrieben, von denen eine, die Gattung *Brachypelma*, hier von besonderem Interesse ist.

Innerhalb der Gattung *Brachypelma* sind die mexikanischen, sehr bunten Arten der so genannten *Brachypelma-smithi*-Gruppe deutlich von den mittelamerikanischen, eher schwarz bis braun gefärbten Arten der so genannten *Brachypelma-vagans*-Gruppe zu unterscheiden, die mittlerweile in die Gattung *Tliltocatl* gestellt wurden. Aber nicht nur in der Färbung differieren die beiden Artgruppen. So leben die dunklen, mittelamerikanischen Arten, wie *Tliltocatl vagans* und *T. albopilosus*, im feuchten Regenwald, die bunten mexikanischen Arten um *B. smithi* dagegen in Trockenwäldern.

In diesem Buch wird nur selten der deutsche Namen Rotknievogelspinne gebraucht, sondern meistens die wissenschaftliche Bezeichnung *Brachypelma hamorii*. Dies hat mehrere Gründe: Zum einen ist der Name Rotknievogelspinne nicht eindeutig, da schon mehrere Arten so genannt wurden. Dazu zählen *Brachypelma smithi*, *B. auratum*, *B. baumgarteni* und auch *B. boehmei*. Zum anderen erleichtert der wissenschaftliche Namen die Kommunikation mit internationalen Terrarienfreunden und Wissenschaftlern, denn die so genannten Trivialnamen unterscheiden sich von Land zu Land, wissenschaftliche Namen dagegen sind weltweit anerkannt. Auch in der Fachliteratur wird meist ausschließlich der wissenschaftliche Artname verwendet.

Eines der besten Erkennungsmerkmale von *Brachypelma*

> **WUSSTEN SIE SCHON?**
> Der deutsche Name „Vogelspinne" geht auf einen sehr bekannten Kupferstich von Maria SIBYLLA MERIAN aus dem Jahre 1705 zurück. Unter den Eindrücken ihrer Reise nach Surinam zeichnete diese Künstlerin eine baumbewohnende *Avicularia*, die mit einem erbeuteten Kolibri in dessen Nest sitzt.
> Der amerikanische Namen für Vogelspinnen, „tarantulas", rührt übrigens von einer Verwechslung her. Italienische Einwanderer fanden im Süden der USA sehr große Vogelspinnen der Gattung *Aphonopelma* und nannten diese wie ihre großen heimischen Spinnen „tarantulas". Allerdings handelt es sich bei der Apulischen Tarantel (*Lycosa tarantula*) um eine große Verwandte unserer heimischen Wolfsspinnen.

Systematik, Taxonomie und Aussehen

Brachypelma smithi ähnelt *B. hamorii* stark, lässt sich aber gut anhand der Beinfärbung unterscheiden.

Ein typischer dunkler Vertreter der mittelamerikanischen *Tliltocatl*-Arten: *Tliltocatl vagans*

Systematik, Taxonomie und Aussehen

Die Beine von *Brachypelma smithi* haben deutlich orange und breitere Zeichnungen als *B. hamorii*

Bei *Brachypelma auratum* ist die Grundfärbung der Patella schwarz mit einer roten Flammenzeichnung

hamorii ist die typische Beinzeichnung. Obwohl es einige sehr ähnlich aussehende *Brachypelma*-Arten gibt, lässt sich ein voll ausgefärbtes Exemplar von *Brachypelma hamorii* gut identifizieren: Die Grundfarbe der Beine ist schwarz, mit einer weißen Patella (Knie), die eine rote „Flammen-Zeichnung" trägt. Die Tibia (Schiene) ist nur am distalen (vom Körper entfernten) Bereich weiß gefärbt, wobei der weiße Bereich kürzer als die Hälfte des Segments ist. Bei der nahe verwandten Art *B. smithi* ist dieser Bereich länger als die Hälfte des Segments und zudem noch orange gefärbt. Am deutlichsten kann man diese Unterschiede am letzten Beinpaar sehen.

> **WUSSTEN SIE SCHON?**
> Die schwarz-rote Färbung der mexikanischen *Brachypelma*-Arten dient der Tarnung, so erstaunlich das auf den ersten Blick auch wirken mag: Im harten Licht- und Schattenspiel der Trockenwälder lösen sich die Konturen aufgrund des ansonsten so auffälligen Zeichnungsmusters optisch auf. So sind still am Boden lauernde *Brachypelma* selbst außerhalb ihrer Höhle kaum zu erkennen.

> **WUSSTEN SIE SCHON?**
> Der wissenschaftliche Gattungsname „*Brachypelma*" ist grammatikalisch gesehen ein Neutrum. Es heißt darum korrekt: „das" *Brachypelma hamorii*.

Systematik, Taxonomie und Aussehen

Am vierten Beinpaar lassen sich die mexikanischen *Brachypelma*-Arten gut unterscheiden: Hier das Bein von *Brachypelma hamorii*

Verbreitung

WIE die meisten mexikanischen Vertreter der Gattung *Brachypelma* lebt auch *B. hamorii* im Westen von Mexiko am Fuße der Sierra Madre del Sur. In den westlichen Ausläufern dieses bis über 4000 m ansteigenden Gebirges liegt ihr Verbreitungsgebiet in Colima, im Süden von Jalisco und an der Nordwestküste von Michoacán. Davon durch das Becken des Río Balsas sowie durch Populationen von *B. baumgarteni* und *B. boehmei* getrennt ist das Vorkommen von *B. smithi* an der Pazifikküste von Guerrero.

Entlang der Sierra Madre del Sur wird die Vegetation als regengrüne Trockenwälder oder als Trockensavanne charakterisiert (nach Troll & Paffen 1980). Die mittlere Jahrestemperatur liegt im Lebensraum von *B. hamorii* (am

Verbreitungsgebiet von *Brachypelma hamorii* in Mexiko (rot) und *B. smithi* (blau) in Mexiko (nach Mendoza & Francke 2017)

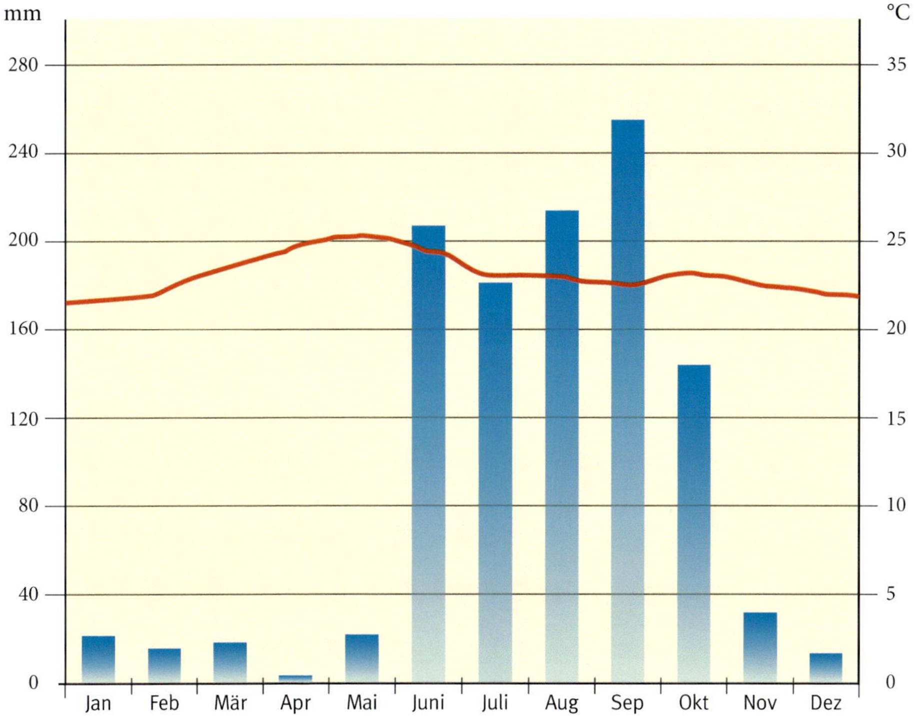

Verbreitung

Klimadiagramm für Colima mit deutlicher Regenzeit von Juni bis Oktober und Trockenzeit in den restlichen Monaten

Beispiel von Colima) zwischen 22 und 26 °C. Der Niederschlag erreicht über das Jahr rund 1000 mm, mit einer ausgeprägten Regenzeit zwischen Juni und Oktober, in der die Niederschläge pro Monat mehr als 200 mm betragen können. Auch wenn die Tagesmaxima im Sommer 33 °C erreichen, ist zu beachten, dass B. hamorii tagsüber nicht an der Oberfläche zu finden ist. Vielmehr sitzen die Tiere in ihren Höhlen unter Steinen, Wurzeln, in Felsspalten oder in bis zu 1 m langen Wohnröhren. Dort, in den Unterschlüpfen der Vogelspinnen nur einige Dezimeter unter der Oberfläche, herrschen deutlich andere, so genannte mikroklimatische Verhältnisse. So fällt die Temperatur innerhalb der Höhle mit zunehmender Tiefe rapide, und die Luftfeuchtigkeit ist aufgrund des umgebenden Erdreiches sehr viel höher als an der Oberfläche.

Anatomie

SPINNENtiere haben im Unterschied zu Insekten keinen drei-, sondern einen zweigeteilten Körper, jedoch acht Laufbeine statt der für Insekten typischen sechs. Bei manchen Vogelspinnen erscheint es aber, als sei

Dorsalansicht eines männlichen *Brachypelma hamorii* :
1 Prosoma (Vorderkörper), 2 Opisthosoma (Hinterkörper),
3 Augenhügel, 4 Pedipalpus, 5 Laufbein, 6-12 Beinglieder: 6 Coxa,
7 Trochanter, 8 Femur, 9 Patella, 10 Tibia, 11 Metatarsus, 12 Tarsus,
13 fehlende Brennhaare, auch „Glatze" genannt, 14 Spinnwarzen, 15 Chelizeren

Anatomie

noch ein fünftes Laufbeinpaar vorhanden. Es handelt sich dabei aber um die Kiefertaster oder Pedipalpen (Einzahl Pedipalpus), die noch in die Fortbewegung mit einbezogen werden und zum zusätzlichen Fixieren und Manipulieren von Beute und Kokon dienen.

Der Vorderkörper (Prosoma) von *B. hamorii* ist auf der Oberseite vom so genannten Carapax bedeckt, auf dem im vorderen Bereich auch der Augenhügel mit acht Augen liegt. Die Augen von *B. hamorii* ermöglichen der Spinne zwar nicht hochauflösende Bilder zu sehen,

Ventralansicht eines männlichen *Brachypelma hamorii*:
1 Prosoma (Vorderkörper), 2 Opisthosoma (Hinterkörper),
3 Chelizerenklaue, 4 Bulbus, 5 Tibiaapophyse
(Schienbeinhaken), 6 Spinnwarzen, 7 Scopula,
8 Epigastralfurche, 9 Stigmen der Fächertracheen/Buchlungen

Anatomie

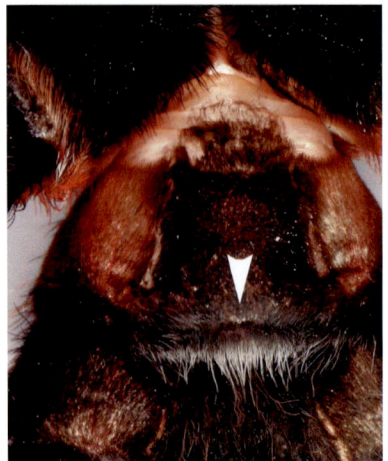 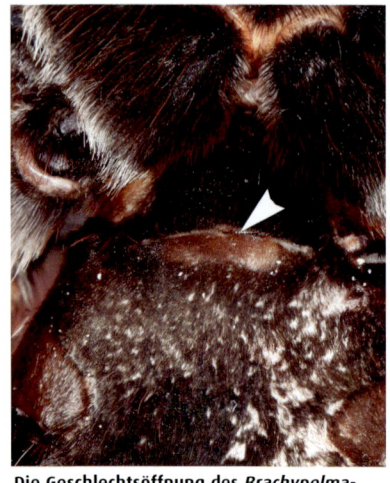

Bei diesem relativ alten erwachsenen Männchen von Brachypelma hamorii sieht man oberhalb der Epigastralfurche das ventrale Spinnfeld.

Die Geschlechtsöffnung des *Brachypelma hamorii*-Weibchens ist deutlich zwischen dem ersten Buchlungenpaar zu sehen.

sind jedoch relativ lichtempfindlich, sodass auch kleine Unterschiede in der Helligkeit wahrgenommen werden können. Ganz vorn setzen die Chelizeren mit ihren Giftklauen an: Mit ihrer Hilfe erbeuten Spinnen ihre Nahrung. Die auch als Thoraxgrube bezeichnete Delle in der Mitte des Carapax dient als Ansatz für Muskeln: Am ins Innere des Vorderkörpers ragenden Teil sind die Muskeln des kräftigen Saugmagens befestigt.

Am Vorderkörper setzen auch die acht Laufbeine an, die sich in je sieben Segmente gliedern. Diese werden vom Körper ausgehend als Coxa (Hüfte), Trochanter (Schenkelring), Femur (Schenkel), Patella (Knie), Tibia (Schiene), Metatarsus (Ferse) und Tarsus (Fuß) bezeichnet. Am Ende des Tarsus sitzen zwei deutlich sichtbare Krallen, die den Spinnen beim Klettern auf rauen Oberflächen Halt geben. Nicht nur bei baumbewohnenden Vogelspinnen, sondern auch bei *Brachypelma hamorii* findet man auf den Tarsen und Metatarsen dichte Haarpolster, die Scopulae (Einzahl Scopula). Diese ermöglichen es auch den bodenbewohnenden *B. hamorii*, selbst senkrechte Scheiben hochzulaufen.

Erwachsene Männchen von *B. hamorii* tragen am ersten Beinpaar Schienbeinhaken (Tibiaapophysen), die bei der Paarung

Anatomie

eine wichtige Rolle spielen (siehe Kapitel „Paarung").

Die beiden Kiefertaster oder Pedipalpen, die noch vor den eigentlichen Laufbeinen am Körper ansetzen, ähneln diesen sehr. Bei näherem Hinsehen sieht man aber, dass sie nur sechs Glieder umfassen; ihnen fehlt der Metatarsus. Die Pedipalpentarsen der erwachsenen Männchen sind, wie bei allen Spinnen, zu sekundären Geschlechtsorganen oder besser Kopulationsorganen umgebildet. Die eigentlichen, also primären Geschlechtsorgane beider Geschlechter liegen im Hinterleib, dem Opisthosoma. Die Ausgänge der Genitalien münden zwischen den paarigen Buchlungenausgängen, wo in der Exuvie (siehe Kapitel „Häutung") des Weibchens deutlich die Spermathek (Organ zur Speicherung der Spermien) zu sehen ist. Ebenfalls im Opisthosoma liegen weitere lebenswichtige Organe, wie das Herz, die schon erwähnten Buchlungen sowie die Mitteldarmdrüse. Letztere nimmt fast den gesamten Hinterleib ein und dient sowohl zum Aufschließen der Nahrung als auch als Speicherorgan. Am hinteren Körperende schließlich sitzen die Spinnwarzen.

Dank der Scopula können auch bodenbewohnende Vogelspinnen bis zu einem bestimmten Gewicht an Scheiben hochlaufen.

Häutung

EIN besonderes Kapitel in der Haltung von *Brachypelma hamorii* ist sicher die Häutung der Spinne. Auch wenn man bisher noch nicht mit Spinnentieren oder Insekten vertraut ist, so haben viele sicher schon einmal die Larven-Hüllen von Libellen am Teich oder die Kokonhüllen von Schmetterlingen gesehen. Auch dürfte die Häutung von der Puppe zum Schmetterling aus vielen Dokumentationen bekannt sein, allerdings sind sich nur wenige bewusst, dass alle Gliederfüßer (Insekten, Spinnentiere, Krebse, Tausendfüßer etc., so genannte Arthropoden) ein Ektoskelett besitzen. Dieses harte Außenskelett umschließt den gesamten Körper, stabilisiert und schützt ihn. Damit einher geht aber auch, dass aufgrund der relativ starren Struktur nur ein begrenztes Wachstum möglich ist. Ist die Panzerung zu klein, so muss eine neue her. Bei Arthropoden wird das neue Ektoskelett unter dem alten gebildet und kommt bei der Häutung zum Vorschein. Das abgestreifte alte Ektoskelett wird auch als Exuvie (Haut oder Häutung) bezeichnet. Bevor sich Vogelspinnen häuten, spinnen sie oft ein feines Gewebe

> **WUSSTEN SIE SCHON?**
> Die Häutung bei *Brachypelma hamorii* kündigt sich durch ein Dunkelfärben der Haut des Hinterleibs an. Besonders deutlich ist dies an der von Brennhaaren freien Stelle, der so genannten Glatze, zu sehen. Ungefähr ein bis zwei Wochen vor der anstehenden Häutung sieht man bereits die neuen Brennhaare schwarz unter der Haut schimmern. Man sollte dann darauf achten, dass keine Futtertiere mehr im Terrarium sind, die die Spinne während der Häutung verletzen können.

Häutung

auf den Boden ihrer Wohnröhre. Kurz vor der beginnenden Häutung legen sich die meisten Vogelspinnen auf den Rücken und verharren nahezu regungslos. So manch ein unerfahrener Halter denkt schon, sein Tier sei tot, wenn es auf dem Rücken liegt, und dreht es wieder in Normalposition. Das scheinbar tote Tier aber wendet sich dann wieder mit letzter Kraft zurück auf den Rücken. So geht das dann meist einige Zeit, bis das völlig erschöpfte Tier letztlich stirbt, da es in der alten Haut stecken blieb und sich nicht häuten konnte.

Bei *Brachypelma* reißt, nachdem die Tiere auf dem Rücken liegen, zuerst die Haut des Hinterleibs seitlich und der Carapax entlang der ihn umgebenden Naht. Nun

In der Exuvie eines *Brachypelma-hamorii*-Weibchens kann man die Spermathek deutlich zwischen dem ersten Paar der weißen Buchlungen sehen

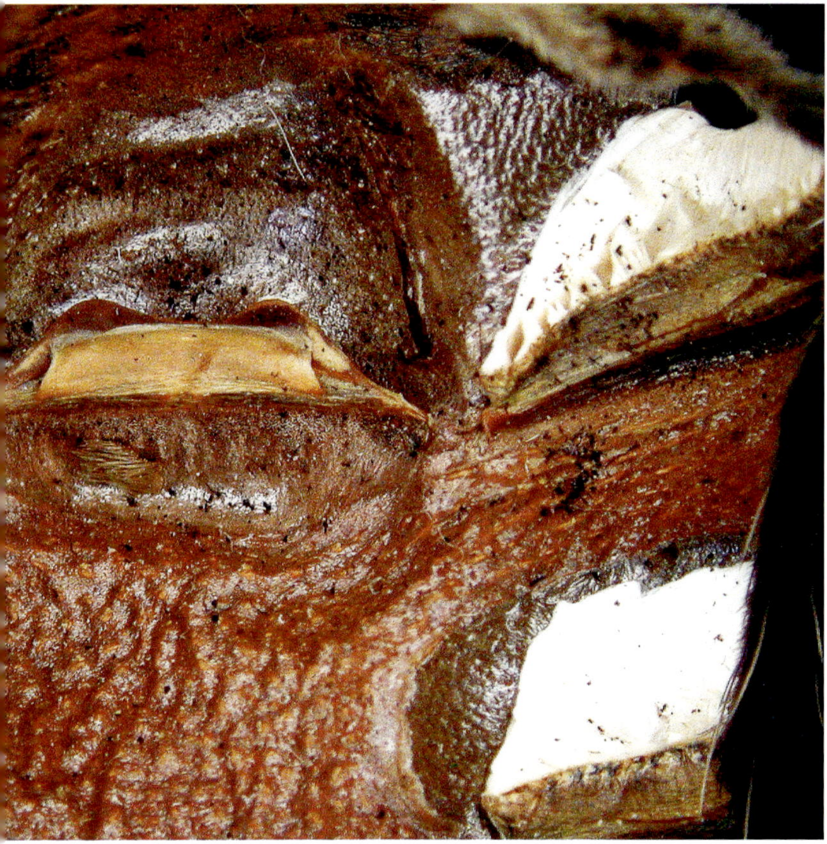

Häutung

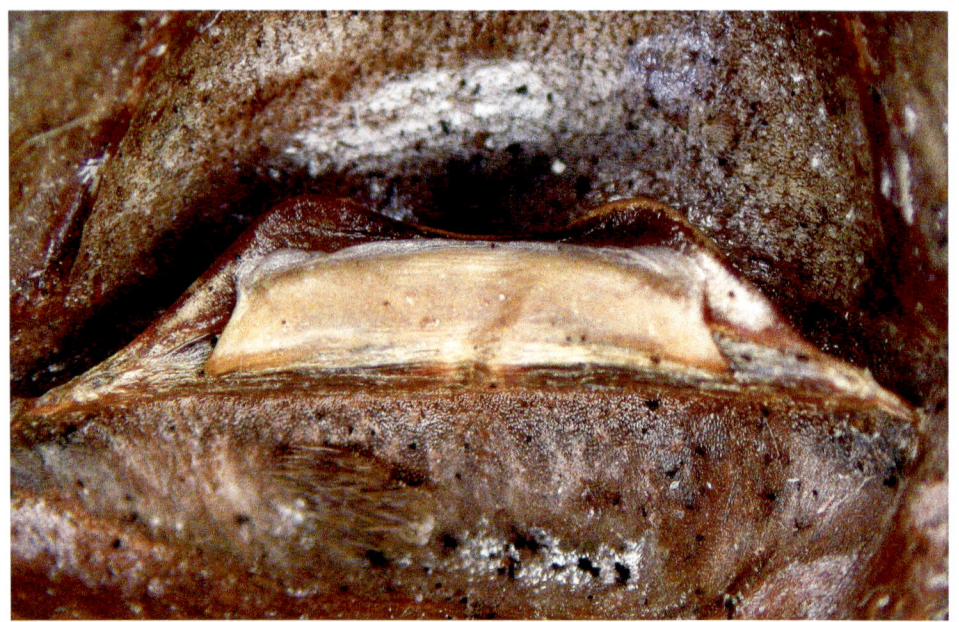

Die Spermathek von *Brachypelma hamorii* ist ungeteilt, durch Trocknung der Exuvie entstand eine untypisch starke Delle im oberen Bereich.

zieht die Spinne langsam die Beine aus der alten Haut. Dieser Vorgang dauert bei ausgewachsenen Tieren ungefähr 30 Minuten. Danach bleibt das noch vollkommen weiche und erschöpfte Tier erst einmal auf dem Rücken liegen. Damit die Gelenke nicht versteifen, beginnt die Spinne nach einiger Zeit damit, ihre Beine rhythmisch zu bewegen. Erst nachdem diese „Gymnastik" abgeschlossen ist, dreht sich das Tier wieder um. Die zurückgelassene Exuvie zeigt alle morphologischen Merkmale von *B. smithi*. So ist es bei einer ausgewachsenen Spinne möglich, an der Exuvie schon mit bloßem Auge im vorderen Bereich des Prosomas den zwischen den Chelizeren (Mundwerkzeugen) entspringenden ersten Teil des Magens zu sehen. Entwirrt man das gehäutete Opisthosoma, den Hinterleib, so kann man die vier weißen Buchlungen und bei den Weibchen die dazwischen liegende Spermathek sehen, die ebenfalls alle mitgehäutet werden. Häufig sind die Exuvien sehr zusammengefaltet, und die Haut des Opisthosomas ist sehr zerknittert und verdreht. Mit wenigen Tropfen

Häutung

70-%igen Alkohols (aus der Apotheke) ist die Exuvie aber schon nach wenigen Augenblicken flexibel und kann mit zwei Pinzetten vorsichtig auseinandergefaltet werden. Mit ein wenig Alkohol kann natürlich auch die gesamte Exuvie von *B. smithi* aufgeweicht und auf einer Styroporplatte mit Hilfe von Nadeln fixiert werden. Nach einigen Tagen ist die Exuvie wieder vollkommen ausgehärtet, und die Nadeln können entfernt werden. Jetzt kann die Exuvie in einen Insektenkasten gesteckt und so die Entwicklung der eigenen Spinne Häutung für Häutung dokumentiert werden.

Verstorbene Vogelspinnen bewahrt man am besten in 70%igem Alkohol auf. Dazu kann man leere Marmeladengläser nutzen, in denen die Spinnen vor Schimmel geschützt und geruchsneutral abgeschlossen sind. Trocken aufbewahrte tote Spinnen dagegen müssen „ausgenommen" werden, da ansonsten das gesamte Innenleben der Spinne zu schimmeln beginnt, Fliegen anzieht und zu sehr starker Geruchsbelästigung führt.

Bei männlichen *Brachypelma hamorii* fehlt die Spermathek zwischen den Buchlungen.

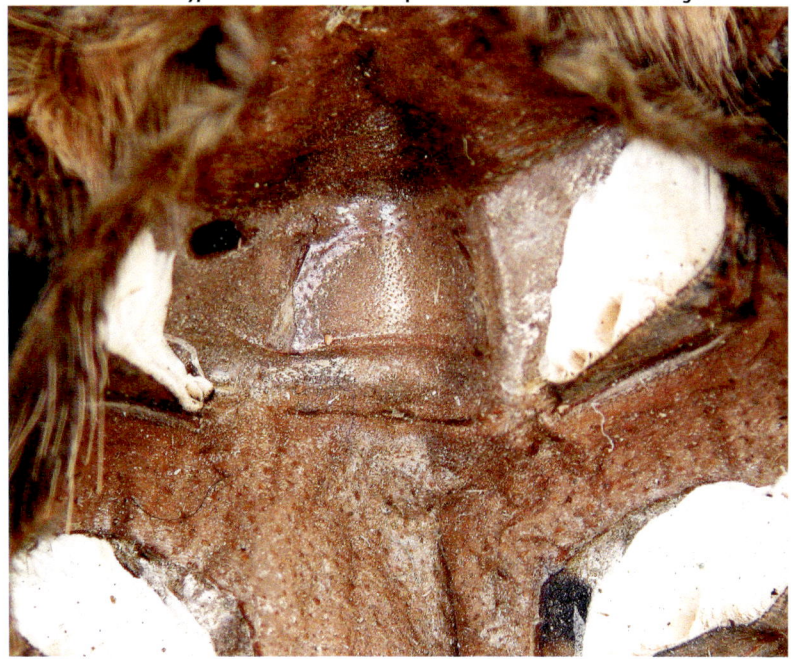

Lebensweise

DIE Rotknievogelspinne ist wie die meisten Spinnen eine Einzelgängerin, sieht andere Spinnen als mögliche Beute an und ist nicht zu vergesellschaften. Aus diesem Grunde müssen *Brachypelma hamorii* im Terrarium einzeln gepflegt werden. Nur zur Paarung können Männchen und Weibchen zusammengesetzt werden (siehe „Verpaarung").

Wie auch alle anderen Spinnentiere ernähren sich die Rotknievogelspinnen nur von tierischer Nahrung. Diese überwältigen sie eher mit der Kraft ihrer recht eindrucksvollen Giftklauen (Chelizeren) als mit einem starken Gift.

Nachdem sie ihr Futter überwältigt haben, beginnen sie die Beute zu verdauen. Dies geschieht bei

> ● **WUSSTEN SIE SCHON?**
> Vogelspinnen können ihre Beine „abwerfen", wenn sie eingeklemmt oder festgehalten werden; so entkommen sie beispielsweise manchmal Angreifern. Dieser Vorgang wird als Autotomie (griech. „Selbstabschneiden") bezeichnet. Durch gezielte Muskelkontraktion reißt das Bein zwischen Coxa und Trochanter ab, und die Spinne ist wieder frei. Verlorene Gliedmaßen wachsen bei der nächsten Häutung nach.
> Nur bei Vogelspinnen häuten sich auch die erwachsenen Weibchen jährlich. Bei unseren heimischen Spinnen und den meisten anderen Arten dagegen endet der Häutungszyklus mit der Reifehäutung, also der Häutung, bei der das Tier die Geschlechtsreife erlangt.

Lebensweise

Spinnen außerhalb des Körpers und wird daher als extraintestinale (außerhalb des Darms stattfindende) Verdauung bezeichnet. Dazu werden Magensäfte hervorgewürgt, die dann die Beute verflüssigen. Dieser feine Nahrungsbrei wird anschließend von der Spinne durch die Mundöffnung zwischen der Basis der Chelizeren-Grundglieder aufgesogen. Vor dem Mund befindet sich ein feiner Filterapparat, der nur die verflüssigte Nahrung hindurch lässt, gröbere Partikel aber ausfiltert und so verhindert, dass der Schlund verstopft. Durch den für Spinnen einzigartigen Saugmagen wird das Futter bis in den sich daran anschließenden Mitteldarm gepumpt, wo dann die eigentliche Aufschließung der Nahrung erfolgt.

Erwachsene Männchen von *Brachypelma hamorii* (links im Bild) sind erkennbar schlanker gebaut als Weibchen.

Gift und Brennhaare

OBWOHL die Giftklauen der Chelizeren bei ausgewachsenen Weibchen von *Brachypelma hamorii* bis zu 1,5 cm lang werden können, sind die Giftdrüsen doch sehr klein, und auch die Wirkung des Giftes ist sehr gering. Es ist hauptsächlich die Größe der eindringenden Giftklauen, die die primären Schmerzen verursacht. Die eigentliche Giftwirkung dagegen ist, wie gesagt, verhältnismäßig gering und entspricht ungefähr einem Bienenstich. Es kann gelegentlich auch zu lokalem Taubheitsgefühl um die Bissstelle kommen, dies hält aber selten länger als einen Tag an. Normalerweise ist es nicht nötig, nach einem Biss von *B. smithi* einen Arzt aufzusuchen. Zur Vorbeugung von möglichen sekundären Infektionen sollte die Bisswunde aber besser desinfiziert werden. Bei allen ungewöhnlichen Körperreaktionen, auch beispielsweise allergischen, sollten Sie aber umgehend zum Arzt gehen.

Auch wenn die Giftklauen von *Brachypelma hamorii* bis zu 1,5 cm lang werden, so ist die Giftwirkung nur mit einem Bienenstich zu vergleichen.

Gift und Brennhaare

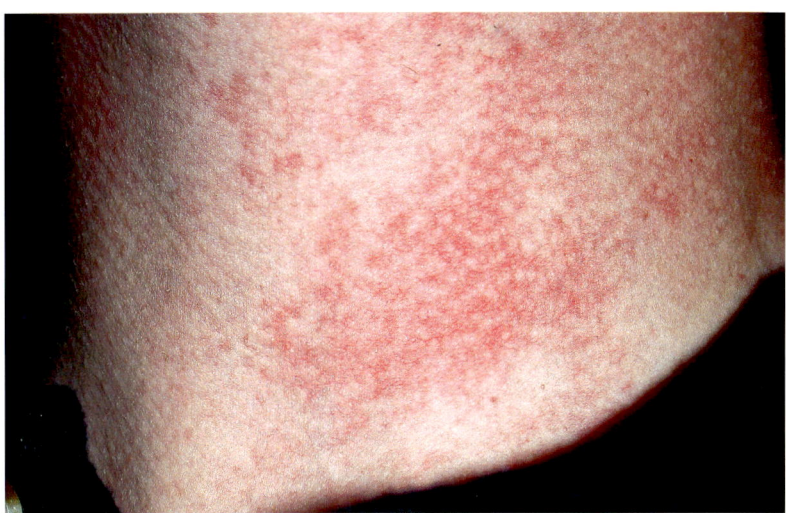

Kommt es zu Hautkontakt mit Brennhaaren von *Brachypelma hamorii*, sind Hautrötungen und Juckreiz die Folgen.

Neben der Abwehr durch einen Giftbiss haben die amerikanischen Unterfamilien (Theraphosinae und Aviculariinae) der Vogelspinnen auch die Möglichkeit, sich mit Brennhaaren zu verteidigen. Dies sind spezielle, mit Widerhaken versehene Haare auf dem Hinterleib, die leicht an einer Sollbruchstelle abbrechen. Bei Belästigung oder Bedrohung „bürstet" *B. hamorii* mit dem letzten Hinterbeinpaar diese Brennhaare ab, die beim Menschen einen mehr oder minder starken Juckreiz und manchmal Pustelbildung hervorrufen. Als gutes Juckreiz linderndes Mittel hat sich Aloe-vera-Creme erwiesen.

> **DER PRAXISTIPP**
> Um das Risiko eines Bisses beinahe auszuschließen, sollte man gerade zu Anfang und bei jungen *Brachypelma hamorii* darauf verzichten, die Tiere mit der Hand anzufassen. In den 20 Jahren, in denen ich mich für Vogelspinnen und Skorpione interessiere, wurde ich noch nicht ein einziges Mal gebissen bzw. gestochen. Dies hängt sicher auch damit zusammen, dass ich selten eine Vogelspinne mit der Hand anfasse, sondern eine Heimchenbox über die Spinne stülpe, den Deckel darunter schiebe und verschließe, bevor ich die verschlossene Box mit der Spinne anhebe. Zum Manipulieren der Spinnen verwende ich einen langen Stab und/oder eine lange Pinzette. Dabei greife ich niemals die Spinnen mit der Pinzette, da sie sich bei falscher Handhabung oder hektischer Bewegung verletzen könnten. Vielmehr tippe ich die Spinne nur ganz leicht an, sodass sie dem Stab ausweicht und in die gewünschte Richtung läuft.

Haltung im Terrarium

EIN wichtiger Punkt bei jeglicher Tierhaltung ist, sich bereits im Vorfeld gründlich über die Ansprüche der jeweiligen Art zu informieren. Aber auch rechtliche Vorschriften sind zu beachten, und nicht zuletzt muss man sich versichern, dass alle Familienmitglieder mit der Haltung der Tiere einverstanden sind. Und sind Sie auch dazu bereit, außer den Anschaffungskosten für Terrarium, Zubehör und Spinne die Folgekosten für Strom, Futter etc. zu tragen?

Rechtliche Grundlagen

Die Gattung *Brachypelma* gehört zu den beliebtesten Vogelspinnen, sodass bis Mitte der 1990er-Jahre unkontrolliert zehntausende Tiere importiert wurden. Nach SMITH (1995) sollen gar von einem einzelnen Händler in Mexiko zwischen 1977 und 1987 insgesamt 200.000 Vogelspinnen exportiert worden sein, hauptsächlich Vertreter der Gattung *Brachypelma*. Derselbe Händler räumt ein, vier von fünf kommerziell genutzten Kolonien (jede Kolonie mit ca. 30.000–40.000 Individuen) im mexikanischen Bundesstaat Colima ausgelöscht zu haben. Auch heute noch gibt es hin und wieder Berichte über den

Das Männchen von *Brachypelma hamorii* (rechts im Bild) nähert sich dem Weibchen mit kräftigem „leg-tapping" (Beinschlagen).

Schmuggel von *Brachypelma* aus Mexiko. Im Sommer 2003 wurden auf dem Frankfurter Flughafen 120 illegal importierte Vogelspinnen dieser Gattung beschlagnahmt.

Seit 1996 steht *B. smithi* (jetzt: *B. hamorii*) auf dem Anhang II des Washingtoner Artenschutzabkommens. Diese Tiere dürfen daher nur noch bedingt gehandelt werden, und für Import und Export außerhalb der EU-Staaten braucht man eine CITES-Bescheinigung.

In Deutschland und dem EU-Ausland genügt heute jedoch schon ein Kaufnachweis, auf dem Anzahl und Art des Tieres sowie Name und Adresse des Verkäufers klar erwähnt werden sollen. Einige Händler verweigern einen solchen Kaufbeleg mit dem Hinweis, dies sei nicht mehr notwendig. Bestehen sie jedoch darauf, denn letztlich sind sie bei einer artenschutzrechtlichen Überprüfung Ihres Tieres in der Nachweispflicht.

Rotknievogelspinnen zählen nicht zu den sogenannten Gefahrtieren und dürfen somit ohne besondere Genehmigungen gehalten werden. Es gibt allerdings unterschiedliche Bestimmungen innerhalb der Bundesländer, ob Vogelspinnen generell bei der zuständigen Naturschutzbehörde angemeldet werden müssen oder nicht.

Auswahl der Tiere

Hat man sich nun für *Brachypelma hamorii* entschieden, so stellt sich die Frage, welches Geschlecht und welches Alter die Spinne haben sollte. Allgemein sind Weibchen deutlich langlebiger als Männchen. Im Vergleich: Männchen erreichen nach drei

An den Tibiaapophysen oder Schienbeinhaken lassen sich adulte Männchen von *Brachypelma hamorii* leicht von den Weibchen unterscheiden.

Auswahl der Tiere

Die Kopulationsorgane an der Spitze der Taster eines adulten Männchens von *Brachypelma hamorii*

Jahren die Geschlechtsreife und leben dann im Durchschnitt nur noch einige Monate. Auch Weibchen sind nach 3–4 Jahren erwachsen, häuten sich aber auch danach noch jährlich und können bis zu 30 Jahre alt werden.

Eine sichere Unterscheidung der Geschlechter ist ohne weitere Hilfswerkzeuge eigentlich nur bei erwachsenen Tieren möglich, denn männliche *Brachypelma smithi* haben dann die charakteristischen Tibiaapophysen und deutlich erkennbare Kopulationsorgane, die Bulben an den Pedipalpen. Insgesamt sind männliche Exemplare deutlich schmächtiger und langbeiniger als die Weibchen.

Hat man nun die Wahl zwischen mehreren zwar schon ausgefärbten, aber noch nicht erwachsenen Tieren, so gibt es die Möglichkeit, die Genitalregion der Tiere zu vergleichen.

Am einfachsten und sichersten gelingt dies mit Hilfe einer durchsichtigen Heimchendose, in die man die Spinne bugsiert, und einer Taschenlampe. Dabei strahlt man die Unterseite des Hinterleibs von der Seite an und betrachtet die Region zwischen den Buchlungen. Bei beiden Geschlechtern findet man die quer verlaufende Epigastralfurche, in der die Geschlechtsöffnungen liegen. Bei noch nicht erwachsenen Weibchen ist diese Furche sehr deutlich ausgeprägt und ein deutlicher Spalt zu sehen, der Ausgang der Geschlechtsorgane. Beim Männchen dagegen ist in der relativ flachen Epigastralfurche nur sehr schwierig die Geschlechtsöffnung zu erkennen, dafür liegt aber davor das ventrale (bauchseitige) Spinnfeld. Mit

Auswahl der Tiere

Sterbende und stark dehydrierte Vogelspinnen, wie diese auch als „weiße smithi" bezeichnete *Acanthoscurria geniculata*, ziehen die Beine in charakteristischer Weise unter den Körper.

diesem Spinnfeld wird die Stelle gesponnen, auf der das Sperma auf dem Spermanetz abgesetzt wird (siehe Kapitel „Paarung"). Im Licht der Taschenlampe erscheint dieses ventrale Spinnfeld als kleiner Punkt. Aus diesem Grunde sieht man auf Vogelspinnenbörsen häufig mehrere Leute mit einer Taschenlampe in eine Spinnendose leuchten, die dann diskutieren, ob ein Punkt zu sehen ist oder nicht. Als Einsteiger sollten Sie aufgrund seiner längeren Lebenserwartung bevorzugt ein Weibchen erstehen. Erwachsene Weibchen erkennt man zum einen an der Größe (Carapax-Länge mehr als 2 cm) und zum anderen an der deutlich sichtbaren Geschlechtsöffnung zwischen den Buchlungen (siehe Foto der Unterseite eines adulten Weibchens).

Nun stellt sich noch die Frage, wie groß oder wie alt die Rotknievogelspinne sein sollte. Vom Alter des Tieres hängen neben Terra-

Auswahl der Tiere

> **DER PRAXISTIPP**
> Für den Anfang empfehle ich ein schon ausgefärbtes Jungtier von ca. 3 cm Körperlänge. Tiere dieser Größe sind praktisch ausnahmslos Nachzuchten und werden zu einem Bruchteil des Preises eines adulten Tieres angeboten. Ein weiterer Vorteil ist, dass die jüngeren Tiere kaum Ruhephasen einlegen, während derer sie Futter verweigern.

riengröße und Platzbedarf auch die Größe der Futtertiere und die Intensität der Pflege ab. Neben diesen Parametern ist sicher auch der Preis nicht zu unterschätzen: So bekommt man ein kleines Jungtier für wenige Euro, muss aber für ein erwachsenes Weibchen mit nahezu 100.- Euro rechnen.

Bevor man ein Exemplar von *Brachypelma hamorii* kauft, sollte man sich von dem Gesundheitszustand der Spinne selbst überzeugen. Bei einer gut genährten Vogelspinne ist das Opisthosoma deutlich größer als der Vorderleib und weist keine Dellen oder Verfärbungen auf. Sollten auf dem Hinterleib viele Brennhaare fehlen, ist dies kein Grund, vom Kauf zurückzustehen, sondern zeigt nur, dass die Spinne sich öfter gegen Belästigungen verteidigt hat. Die abgestreiften Brennhaare wachsen bei der nächsten Häutung wieder nach. Hin und wieder werden auch Vogelspinnen mit einem fehlenden Bein oder Taster angeboten; diese sind bei schimmelfreiem und gut abgeschlos-

Bei Belästigung bürstet *Brachypelma hamorii* die auf dem Hinterleib befindlichen Brennhaare ab.

senem Ansatz des fehlenden Beines genauso gesund wie ihre achtbeinigen Artgenossen, dafür meist aber etwas günstiger im Preis.

Krankheiten

Es gibt allerdings einige Krankheiten bei Vogelspinnen, deren Symptome nicht sofort zu sehen sind. Dies ist neben dem so genannten „Vogelspinnen-Krebs" und Schimmelpilzen auch die Infektion mit Parasiten. Beim „Vogelspinnen-Krebs" sieht man zuerst einige dunkle, meist braune Flecken auf dem Hinterleib, meist beginnend auf der „Glatze", so die Brennhaare fehlen. Die Flecken breiten sich wuchernd aus, es gibt bisher keine Medikamente dagegen. Allerdings tritt dies fast ausschließlich bei sehr alten Tieren auf und scheint nicht infektiös zu sein, sodass keine Bedrohung weiterer Spinnen besteht. Ob es sich bei dieser Erkrankung um eine krebsartige Wucherung oder um eine Virus- bzw. Bakterieninfektion handelt, ist bisher nicht geklärt.

Ganz deutlich als Pilzinfektion sind weißliche Stellen bei verletzten Vogelspinnen zu erkennen, die relativ feucht und ohne ausreichende Luftzirkulation gehalten wurden. Häufig reichen schon das Umsetzen in ein trockeneres Terrarium und die Behandlung durch vorsichtiges Auftragen eines Pilzmittels (Breitband-Antimykotikum) mit einem Wattestäbchen.

Manchmal findet man auf Vogelspinnen oder im Terrarium kleine Milben. Diese lassen sich recht einfach durch das Austauschen des Bodengrundes und eine etwas trockenere und besser belüftete Haltung vermeiden. Sollten sie trotz einer Veränderung der Haltungsbedingungen immer noch auf der Spinne zu finden sein, so kann man sie mit einem in 70-%igen Alkohol getauchten Wattestäbchen vorsichtig abtupfen.

Schwieriger ist leider die Bekämpfung von Endoparasiten, also Parasiten, die im Inneren der Spinnen leben. Dazu zählen neben Fliegenmaden der Acroceridae und Larven der Schlupfwespen der Pompilidae, die man ausschließlich bei Wildfängen findet, auch Nematoden (Fadenwürmer). Parasitismus durch Nematoden ist relativ leicht zu erkennen: Zum einen stehen die Spinnwarzen der infizierten Spinnen dann immer waagerecht und nicht, wie normalerweise, auf den Hinterleib hochgeklappt. Zum anderen halten die infizierten Spinnen ihre Pedipalpen eingeschlagen unter dem Körper, als würden sie fressen. Häufig ist es beim Erkennen dieser Symptome schon zu spät, eine Behandlung einzuleiten. Bisher gibt es leider nur ein Erfolg versprechendes Mittel (SCHNEIDER 2004), das aber noch nicht auf dem Markt erhältlich ist.

Sollten Sie eine Spinne angeboten bekommen, die die typischen Symptome einer Nematoden-Erkrankung zeigt, geben Sie nicht der Versuchung nach, aufgrund eines günstigen Preises das Tier zu Hause gesundpflegen zu wollen. Sie können damit möglicherweise Ihren ganzen Bestand innerhalb weniger Wochen verlieren.

Wildfang oder Nachzucht

Heutzutage stellt sich kaum noch die Frage, ob man Wildfänge oder Nachzuchten kaufen sollte, denn es werden eigentlich keine Wildfänge mehr angeboten. Leider gibt es hin und wieder immer noch illegale Exporte aus Mexiko. Nachzuchten von *B. smithi* sind verhältnismäßig häufig, sie werden auf jeder Vogelspinnen- oder Reptilienbörse in fast allen Größen angeboten, von der frisch geschlüpften Nymphe bis zu adulten Tieren.

Zoohandel oder Züchter

Mittlerweile kann man Vogelspinnen nicht mehr nur bei einem Züchter oder auf einer Vogelspinnenbörse kaufen, sondern bekommt auch im Zoofachgeschäft eine ansehnliche Bandbreite angeboten. Bei den offerierten *Brachypelma hamorii* handelt es sich fast ausschließlich um Nachzuchten aus Deutschland, die schon seit mehreren Generationen vermehrt werden. Hier kann man bedenkenlos zugreifen, wenn die Tiere gesund erscheinen.

Eine weitere Möglichkeit besteht darin, die Spinnen direkt von einem Züchter zu kaufen. Zum einen bieten Anzeigen auf einschlägigen Internetseiten direkten Kontakt, zum anderen sind Vogelspinnenbörsen eine gute Gelegenheit, Angebote verschiedener Züchter zu vergleichen. Auch findet man dort eine große

DER PRAXISTIPP
Bei einer äußerlich gesunden *Brachypelma hamorii* sollte der Hinterleib größer als der Vorderleib sein. Anderenfalls ist die Spinne nur sehr schlecht ernährt oder kurz nach einer Häutung. Bei Letzterem sollte die Spinne sehr leuchtende Rot-Töne und ein kräftiges samtiges Schwarz auf den Beinen zeigen. Ein weiteres Merkmal für eine vor kurzem stattgefundene Häutung ist das Fehlen einer so genannten Glatze auf dem Hinterleib.

Zoohandel oder Züchter

Auswahl an Vogelspinnen und kann von erfahrenen Züchtern Tipps zur Haltung und Pflege der Tiere bekommen. Häufig werden im Anschluss an Börsen auch kostenlose Vorträge von führenden internationalen Wissenschaftlern angeboten.

Ob man nun seine Exemplare von *B. hamorii* in einem Zoofachgeschäft, auf einer Börse oder direkt beim Züchter abholt – wichtig ist, besonders bei langen Heimfahrten darauf zu achten, dass die Spinne nicht zu stark auskühlt oder überhitzt. Abhilfe schafft hier schon eine einfache Styropor-

Im Terraristik-Fachgeschäft wird man individuell beraten und bekommt alles aus einer Hand.

Auf Vogelspinnen-Börsen kann man nicht nur günstig Vogelspinnen direkt vom Züchter kaufen, sondern auch mit Gleichgesinnten diskutieren.

box. Zum Transport werden ausgewachsene *B. hamorii* normalerweise in eine zuvor mit Küchenpapier ausgekleidete Heimchenbox gesetzt, und man legt ein auf Viertel gefaltetes Küchenpapier oben auf. Das Küchenpapier kann dann bei längeren Fahrten noch leicht angefeuchtet werden und verhindert so neben Verletzungen auch das Austrocknen der Tiere. Kleinere Exemplare werden in entsprechend kleineren Dosen, in denen Luftlöcher ebenfalls nicht fehlen dürfen, auf die gleiche Weise transportiert.

Das Terrarium

BEVOR man aber sein erstes Exemplar von *Brachypelma hamorii* kauft, sollte ein fertig eingerichtetes Terrarium bereitstehen. Hält man nur eine Vogelspinne, so kann man das Terrarium deutlich größer dimensionieren als bei einer Sammlung mehrerer Hundert erwachsener Tiere. Allerdings ist es keine Notwendigkeit, Vogelspinnen wie *B. hamorii* in 60 cm breiten Terrarien zu halten, ihnen „genügen" schon 30 cm Breite. Auch in diesen recht klein erscheinenden Becken kann man die Tiere erfolgreich verpaaren und nachzüchten (siehe dazu STRIFFLER & GRAMINSKE 2003).

Terrarien für bodenbewohnende Vogelspinnen sollten immer breiter als hoch sein: Meist ist die Tiefe halb so groß wie die Breite, sodass ein Standardmaß bei größeren Becken z. B. 60 x 30 x 30 cm (Länge x Breite x Höhe) oder 80 x 40 x 40 cm ist. Bei kleineren Terrarien sind die Längenverhältnisse etwas anders, z. B. 20 x 30 x 20 oder 30 x 30 x 25 cm. Wird ein Terrarium mit Fronttür(en) ge-

> **DER PRAXISTIPP**
> Vor dem Kauf des Terrariums sollte bedacht werden, wo es später einmal stehen sollte. Auch wenn 60 oder 30 cm lange Becken vergleichsweise häufig und günstig angeboten werden, sind die meisten Regalsysteme 80 cm breit, sodass es sinnvoller ist, entweder ein 80-cm-Becken zu kaufen oder möglicherweise zwei 40-cm-Becken.

Das Terrarium

kauft, sollte man darauf achten, dass der Frontsteg mindestens 7–10 cm hoch ist. Andernfalls lässt sich nur sehr wenig Bodengrund einfüllen, und die Spinnen können keine Wohnröhre graben.

Für den Anfang – wenn Sie nur eine Spinne halten – reicht ein mit einer passenden Abdeckung versehenes Aquarium mit guter Belüftung völlig aus, denn maßgefertigte Terrarien mit Front-Schiebetüren und adäquater Belüftung kosten ein Vielfaches eines Aquariums mit Beleuchtung und Abdeckung.

Großzügiges, mit lehmigem Boden eingerichtetes und bepflanztes Terrarium für *Brachypelma hamorii*

Verschiedene Terrarientypen

Nicht nur für Echsen, sondern auch für Vogelspinnen gibt es mittlerweile eine ganze Anzahl verschiedener Terrarientypen. Die gängigsten Modelle und Größe sind allesamt im Handel erhältlich. Man unterscheidet zwei verschiedene Grundtypen: das Falltür-Terrarium und das Schiebetür-Terrarium. Beiden gemein ist die rückseitige Belüftung durch ein Lochblech. Beim normalen Falltür-Terrarium wird die Luftzirkulation durch einen wenige Millimeter breiten Spalt zwischen Falltür und Frontsteg ge-

Ein typisches Zucht-Terrarium für *Brachypelma hamorii* ist sehr zweckmäßig eingerichtet.

Bodengrund

Verschiedene Arten von Bodengrund: auf der linken Seite lehmige Erde und rechts ein Gemisch aus Gartenerde und Torf

währleistet. Sowohl bei Schiebetür-Terrarien als auch bei Sonderanfertigungen von Falltür-Terrarien befindet sich ein weiteres Lochblech zur besseren Belüftung im vorderen Bereich. Eine gute Luftzirkulation verhindert das Beschlagen der Scheiben und gewährleistet ein gutes Mikroklima im Terrarium, sodass Schimmelbildung weitgehend vermieden werden kann.

Bodengrund

Im Westen Mexikos ist es, wie schon beschrieben, relativ heiß und trocken, allerdings ist *Brachypelma hamorii* wie fast alle Vogelspinnen nachtaktiv. Erst wenn es dämmert, kommen die Tiere in der Natur an den Eingang ihrer Wohnröhre und lauern auf vorüberkommende Beute. Während des heißen Tages bleiben sie in ihren bis zu 1 m tiefen Bauen. Dort herrschen auch während der heißesten Zeit des Tages deutlich niedrigere Temperaturen. Aber nicht nur die Temperatur, auch die Luftfeuchtigkeit im Bau einer Vogelspinne unterscheidet sich von derjenigen an der Oberfläche. Als Bodengrund wird meist Torf oder Kokosfaser empfohlen, was

Verstecke

aber nicht den natürlichen Gegebenheiten im Lebensraum von *B. hamorii* entspricht. Ich selber verwende für meine erwachsenen *Brachypelma* sehr lehmhaltige Erde, die direkt aus der Natur stammt und unbehandelt eingefüllt wird. Bevor ich sie ins Terrarium einbringe, lasse ich sie einige Tage antrocknen, sodass man aus den harten Klumpen einen Unterschlupf bauen kann, der dann mit einer dünnen Steinplatte abgedeckt wird. Um die vorgefertigte Höhle sicher zu verbinden, reicht es, die Klumpen kurz mit Wasser anzusprühen, sodass sie sich aufgrund des hohen Lehmanteils nach dem Trocknen fest miteinander verbinden.

Bringt man Torf, Kokosfaser oder Blumenerde ins Terrarium, so müssen diese sehr fest angedrückt werden, damit die Spinne die Möglichkeit hat, eine Höhle zu graben. Bei erwachsenen *B. hamorii* kann es allerdings mehrere Monate dauern, bis sie sich zum Graben entschließen, oder aber sie nutzen nur das angebotene Versteck und graben gar nicht.

Verstecke

In einem Vogelspinnenterrarium sollte ein Versteck niemals fehlen. Beschaffenheit und Art des Versteckes spielen dabei oft eine eher untergeordnete Rolle. So werden von Züchtern häufig opti-

> **DER PRAXISTIPP**
>
> In einigen Büchern wird eine „Sterilisierung" des Bodengrundes und der Einrichtungsgegenstände durch Erhitzen im Backofen propagiert, um Mikroorganismen auszuschalten. Aus biologischer Sicht ist dies unnötig, da allein durch das Einsetzen der Vogelspinne, das Hantieren im Terrarium und die Fütterung mit lebendem Futter sowie den kontinuierlichen Eintrag durch Luftmikroorganismen das Terrarium schnell wieder damit besiedelt ist. Abgesehen davon schadet die normale Mikroorganismen-Fauna bei richtigen Haltungsbedingungen den Spinnen nicht.

Bepflanzung

mierte Terrarien benutzt, die wenig natürlich aussehen, aber gewisse Vorteile in der Haltung und besonders in der Platzausnutzung bieten (siehe dazu STRIFFLER & GRAMINSKE 2003). Bei der Haltung eines oder weniger Tiere können aber aufgrund der größeren Terrarien deutlich natürlicher aussehende Terrarien eingerichtet werden.

Als Versteck können dann Wurzelstöcke, Korkeichen-Röhren oder sicher miteinander verbundene Steinaufbauten genutzt werden. Die Steinaufbauten verklebt man fest mit ungiftigem Aquariensilikon, damit kletternde oder grabende Spinnen nicht durch herunterfallende Steine erschlagen werden.

Bepflanzung

Häufig liest man in verschiedenen Büchern, eine Bepflanzung des Terrariums sei nur schwer zu realisieren. Bei mir dagegen hat die Bepflanzung bisher nur posi-

Zur Bepflanzung von Trockenterrarien eignen sich verschiedene Pflanzen. Im Bild: drei verschiedene *Haworthia*-Arten (hinten), eine *Agava-* (vorne links) und eine *Aloe*-Spezies (vorne rechts)

Beleuchtung

> **DER PRAXISTIPP**
> Fast alle meine Terrarien sind bepflanzt, allerdings setzt dies eine Beleuchtung voraus. Außer dem schöneren Aussehen unterscheidet sich auch das Mikroklima deutlich von einem unbepflanzten Terrarium. Der Bodengrund bleibt länger feucht, und das Terrarium ist deutlich besser strukturiert.

tive Ergebnisse erbracht. Wenn es einem nichts ausmacht, auch das Terrarium einer mexikanischen Spinne wie B. hamorii mit aus der alten Welt stammenden Sukkulenten zu bepflanzen, dann gibt es eine große Auswahl an Pflanzen schon in Bau- oder Gartenmärkten. Neben den amerikanischen Agaven haben sich außerdem auch afrikanische *Haworthia*-, *Sansevieria*- und *Euphorbia*-Gewächse in der Praxis bewährt. Bevor man Pflanzen ins Terrarium setzt, duscht man sie mit lauwarmem Wasser, um eventuelle Schädlingsbekämpfungsmittel abzuspülen. Diese Prozedur sollte an mehreren Tagen vor dem Einpflanzen wiederholt werden. Die Pflanzen können auch ohne Topf direkt ins Terrarium gesetzt werden, was eine bessere und natürlichere Verteilung der Feuchtigkeit im Bodengrund gewährleistet. Durch die Pflanzen wird die Feuchtigkeit länger im tieferen Boden gehalten, auch wenn die obere Bodenschicht schon ausgetrocknet ist.

Beleuchtung

Da *B. hamorii* ohnehin nur dämmerungsaktiv ist, sind Lampen nur für eine eventuelle Beleuchtung der Pflanzen oder als Zeitgeber

Beleuchtung – wie Halgenspots – wird für *Brachypelma hamorii* an sich nicht benötigt, jedoch braucht die Terrarienbepflanzung Licht. Foto: M. Schmidt

(Hell-/Dunkelrhythmus) für die Spinnen wichtig. Neben passenden Aquarien- und Terrarienabdeckungen mit einfachen weißen Neonröhren können auch über dem Becken angebrachte Halogenspots als Beleuchtung dienen. Hierbei sollte bedacht werden, dass auch durch die Lampen Wärme entsteht, die möglicherweise schon ausreicht, um das Terrarium zu heizen.

Heizung

Normalerweise ist eine zusätzliche Heizung in den Sommermonaten nicht unbedingt nötig, wenn die Zimmertemperatur ohnehin mehr als 20 °C beträgt und eine Beleuchtung zusätzliche Wärme abgibt. Im Winter ist es allerdings nötig, zumindest zeitweise zu heizen. Dies kann durch Halogenspots oder auch durch Heizkabel bzw. Heizmatten erfolgen. Wichtig ist, das Heizmittel nicht unter dem Terrarium anzubringen, da dies eine unnatürliche Wärme von unten bedeuten würde. Ist es *B. hamorii* in der Natur zu warm, gräbt sich das Tier nämlich tiefer ein. Geht es so auch in einem von unten beheizten Terrarium vor, wird es mit zunehmender Tiefe immer wärmer. Daher bringt man die Heizmatte nur an einer Terrarienseite an, und die Spinne kann zwischen einer kühleren und einer wärmeren Seite wählen. Besitzt man mehrere Terrarien, so kann man gleich zwei mit einer außen zwischen den angrenzenden Terrarien installierten Heizmatte erwärmen. Man sollte aber auch hier bedenken, dass schon eine kleine Heizmatte sehr viel Wärme produziert, und es nicht nötig ist, die ganze Seite eines Terrariums zu beheizen. Nachts kann die Heizung ohnehin abgeschaltet werden, was dann auch zusammen mit der Dämmerung den Beginn der Aktivität von *B. hamorii* einleitet.

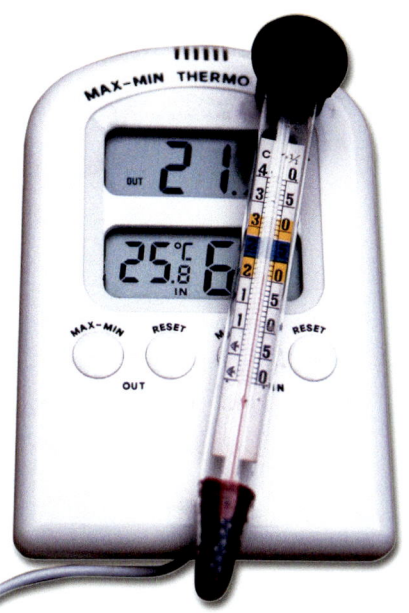

Thermometer dienen der Kontrolle Foto: K. Kunz

DER PRAXISTIPP
Es hat sich bewährt, in ein digitales Thermometer mit Messsonde und Minima/Maxima-Speicherung zu investieren, denn so kann man nicht nur die Raumtemperatur, sondern auch lokal im Terrarium messen. Durch die Speicherung von Minima und Maxima kann man die Extremwerte über Nacht oder über Tag aufnehmen und registrieren, wie warm es z. B. in der Höhle der Spinne oder unter dem Halogenspot ist.
Auch wenn *Brachypelma hamorii* aus den warmen Trockengebieten Mexikos kommt, so ist eine zu heiße Haltung deutlich schädlicher als eine zu kühle.

Pflege

DIE Pflegemaßnahmen hängen stark vom Alter der Vogelspinne ab. Eine junge Vogelspinne verlangt deutlich mehr Aufmerksamkeit als ein ausgewachsenes Tier. Dies beruht hauptsächlich auf der viel geringeren Stoffwechselrate eines erwachsenen Tieres, das, wenn es erst einmal sattgefressen ist, kaum noch Nahrung zu sich nimmt. Jungtiere dagegen häuten sich in deutlich kürzeren Abständen und können fast jeden zweiten Tag gefüttert werden. Dies hat aber auch zur Folge, dass Futterreste ebenfalls häufiger entfernt werden müssen. Dabei sollte wirklich penibel darauf geachtet werden, dass alle getöteten und nicht aufgefressenen Futtertiere aus dem Terrarium entfernt werden. Andernfalls findet man häufig kleine schwarze und ruckhaft umherlaufende Buckelfliegen (aus der Familie Phoridae) im Terrarium. Diese kleinen Fliegen können bei massenhaftem Auftreten zur wahren Plage werden, besonders wenn im Zimmer, in dem das Terrarium der Spinne steht, auch Futtertiere gehalten oder gelagert werden.

5–6 Grillen alle zwei Wochen reichen als Futter für ein ausgewachsenes *Brachypelma*.

Fütterung

Zum natürlichen Nahrungsspektrum von *Brachypelma hamorii* zählen neben Insekten und Spinnentieren auch Kleinsäuger und Reptilien. Im Terrarium werden Vogelspinnen aber meist ausschließlich mit Insekten gefüttert, die der Größe der Spinne angepasst sein sollten. So können zwar kleine Spinnen von kaum mehr als 1 cm Körperlänge fast ausgewachsene Heimchen überwältigen, allerdings ist es schon andererseits oft vorgekommen, dass ein zu großes Heimchen eine nicht mehr hungrige Spinne anfraß.

Besondere Vorsicht ist während der Häutungsphase geboten, denn dann stellen auch kleine Futtertiere eine große Gefahr für *B. hamorii* dar: Kurz nach der Häutung können Grillen die noch weiche Spinne anfressen und so gefährlich verletzen, dass sie stirbt.

Normalerweise werden erwachsene *B. hamorii* alle zwei Wochen mit 5–6 Grillen gefüttert. Anstelle der Grillen können natürlich auch ein oder zwei Heuschrecken oder eine große Schabe angeboten werden.

Die zuvor erwähnten verschiedenen Futtertiere werden hauptsächlich im Zoofachhandel oder im Direktversand angeboten. Oft ist es möglich, im Direktversand ein Futterabo einzurichten, sodass man wöchentlich oder im zweiwöchentlichen Rhythmus frische Futtertiere direkt nach Hause geliefert bekommt. Allerdings bedarf es im Winter spezieller Styroporkisten und Wärmekissen zur Verpackung, die bei nur wenig benötigtem Futter dessen Wert übersteigen. Kauft man im Zoofachhandel, ist es ratsam, sich nach dem Liefertermin des Futters zu erkundigen, sodass man auch immer frische Futtertiere erhält. Eine Packung frischer Futterinsekten enthält keine toten Tiere und sehr wenig Kot. Bei alten Futterdosen sieht man neben toten Tieren häufig auch kleine schwarze Fliegen (die oben erwähnten Phoridae). Von diesem Futter sollte man die Finger lassen und lieber bis zur

> **DER PRAXISTIPP**
> Futtertiere wie Heimchen, Grillen und Heuschrecken werden nach Menge und Größe abgepackt. Bei kleineren Grillen sind mehr Tiere pro Box gepackt als bei großen. Ich kaufe daher subadulte, noch ungeflügelte Insekten und füttere diese noch eine Zeit lang, bis sie erwachsen sind. So kann man zum einen die Qualität durch gute Fütterung optimieren und hat zum anderen mehr Tiere. Pflegt man auch noch sehr kleine Spinnen, so kann man einen Teil der erwachsenen Grillen Eier ablegen lassen, und zwei Wochen später hat man frisch geschlüpfte so genannte Mikro-Grillen für den Nachwuchs.

Wasser/Reinigung

nächsten frischen Lieferung warten, um mögliche Erkrankungen seiner Tiere von vornherein zu vermeiden.

Wasser

Gerade zu Beginn der Haltung von Vogelspinnen sollte ein Wassernapf ins Terrarium gestellt werden, um mögliche Fehler durch zu warme und zu trockene Haltung zu kompensieren. Die Wassergabe richtet sich stark nach der Verdunstung im Terrarium. Verdunstet das Wasser aus der Schale innerhalb weniger Tage, so wird die Spinne vermutlich sehr warm und trocken gehalten, und die Gefahr des Austrocknens ist deutlich höher als bei einer moderateren Haltung. Die Wasserschale muss dann auch nicht ständig mit Wasser gefüllt sein; es reicht, wenn jede zweite Woche Wasser nachgefüllt wird. Viele erfahrene Halter verzichten jedoch vollständig auf eine Wasserschale.

Reinigung

Vogelspinnenterrarien brauchen keine häufige, aber dennoch eine regelmäßige Reinigung. Dazu gehören vor allen Dingen das Entfernen von Futterresten und das Säubern des Wassernapfes, so-

> ### WUSSTEN SIE SCHON?
> Vogelspinnen brauchen normalerweise kein zusätzliches Wasser, sie nehmen das Wasser vollständig über ihre Nahrung und die umgebende Atemluft auf. Allerdings trocknen Vogelspinnen sehr schnell aus, wenn die umgebende Luft nicht feucht genug ist. Versuche gegen Ende der 1960er-Jahre mit nordamerikanischen Vogelspinnen zeigten, dass nach nur zwei Wochen bei nahezu trockener Luft alle Versuchstiere verstorben waren. Auch eine Wassergabe an zwei Tagen verlängerte die Überlebenschance nur um drei Tage. Skorpione aus der gleichen Gegend dagegen überlebten eine Versuchsdauer von drei Wochen ohne Wassergabe problemlos.

Reinigung

fern vorhanden. Bei Bedarf sollten allein wegen der Optik die Scheiben gereinigt werden. Dazu haben sich neben warmem Wasser und Küchenpapier bei besonders hartnäckigen und eingetrockneten Verschmutzungen auch Topfreiniger oder Rasierklingen bewährt.

Ein vollständiges Ausräumen des Terrariums einmal im Jahr halte ich nicht für nötig und eher störend für eine eingewöhnte Spinne; schließlich muss sich das Tier dann wieder eine „neue" Höhle suchen. Solange sich eine Vogelspinne scheinbar „wohl fühlt", also nicht ständig umherläuft, sondern tagsüber in ihrem Versteck sitzt (Ausnahme adulte Männchen), besteht kein Grund, ihre Umgebung im Jahresrhythmus völlig umzugestalten.

> **DER PRAXISTIPP**
> Wenn eine Vogelspinne durch eine Unachtsamkeit ausgebrochen ist: Zuerst einmal ist dies kein Grund zur Panik, denn die Wanderung einer Vogelspinne in der Wohnung ist relativ gut einzuschätzen. Sobald die Spinne das Terrarium verlassen hat, wird sie sich eine dunkle Ecke suchen und normalerweise dort für einige Zeit verharren.
> Sollte sich eine Vogelspinne trotz intensiver Suche nicht sofort finden lassen, macht man sich einige Verhaltensmuster der Spinne zunutze. Zum einen handelt es sich um nachtaktive Tiere, die tagsüber sehr zurückgezogen leben, und zum anderen sind unsere Wohnungen den Spinnen zu trocken, sodass sie nach Feuchtigkeit suchen, um nicht auszutrocknen. Daher legt man über Nacht einige feuchte Tücher im Zimmer aus; möglichst unter Schränken oder anderen Möbelstücken, wo sich die Spinne versteckt haben könnte. Während ihrer nächtlichen Streifzüge auf der Suche nach Feuchtigkeit und Futter kommt die Spinne aus ihrem Versteck und sucht nach einem feuchteren Platz, wo sie dann meist verweilt. Normalerweise findet man am nächsten Morgen die Vogelspinne in einem dieser Tücher sitzend.

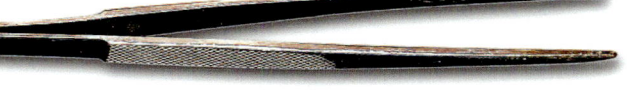

Die Ausrüstung für die Vogelspinnen-Haltung (Stab, Pinzette, Heimchenbox, Federstahlpinzette zum Sortieren von Eiern und Prälarven)

Schließlich leben erwachsene *Brachypelma hamorii* in der Natur jahrzehntelang in der gleichen Wohnröhre.

Vermehrung

JE mehr Erfahrung bei der Haltung von *Brachypelma hamorii* man gesammelt hat, desto stärker wird häufig der Wunsch, diese wunderbaren Tiere auch nachzuzüchten. Besonders im Hinblick auf eine Sicherung zukünftiger Terrariengenerationen von Rotknievogelspinnen und den vollkommenen Verzicht auf in Mexiko gefangene und womöglich nach Europa geschmuggelte Spinnen ist dieser Wunsch sehr zu unterstützen. Die Nachzucht von *B. hamorii* bereitet keine großen Schwierigkeiten, wenn einige Grundvorausetzungen gegeben sind. Andernfalls können jahrelange Paarungsversuche nur in den seltensten Fällen von Erfolg gekrönt sein.

Wichtig ist, dass man geschlechtsreife, adulte Tiere zur Verfügung hat. Männchen sind leicht an ihren Tibiaapophysen und den voll entwickelten Kopulationsorganen zu erkennen (siehe Kapitel „Anatomie"). Bei den Weibchen dagegen kann man die Geschlechtsreife nicht eindeutig

Bei der Berührung durch das Männchen (rechts) richtet sich das weibliche *Brachypelma hamorii* auf, ...

an dem Vorhandensein eines Merkmals festmachen, sondern lediglich die Größe der Tiere zu Rate ziehen. Dabei ist die Gesamtkörperlänge wenig aussagekräftig, da der Hinterleib, das Opisthosoma, sich je nach Ernährungszustand sehr ausdehnen kann. Aus diesem Grund sollte der Carapax (Rückenplatte) als Referenz herangezogen werden. Bei einer Länge des Carapax von mehr als 2 cm kann man davon ausgehen, dass eine weibliche *Brachypelma hamorii* erwachsen ist, dies entspricht ungefähr einer Körperlänge von 5–6 cm. Leider kann man auch im Verhalten eines erwachsenen Weibchens keine Änderungen nach der Reifehäutung feststellen. Ganz im Gegensatz dazu fressen erwachsene Männchen kaum noch, verlassen ihren Unterschlupf und laufen den ganzen Tag umher, auf der Suche nach einem Weibchen.

Paarungsvorbereitung

Bei allen Spinnen findet eine indirekte Spermienübertragung statt; dabei werden die Spermien durch besondere Strukturen der umfunktionierten Pedipalpen, die so genannten Bulben, übertra-

... daraufhin versucht das Männchen seine Tibiaapophysen in den Chelizeren des Weibchens einzuhaken.

Paarungsvorbereitung

> **DER PRAXISTIPP**
> Um zu sehen, ob ein Männchen paarungsbereit ist, kann man ein wenig Spinnseide des Weibchens in das Terrarium des Männchens einbringen. Paarungsbereite Männchen fangen beim Kontakt mit der Spinnseide an zu trommeln.

gen. Wie im Kapitel „Anatomie" schon gezeigt, sitzen beim Männchen und Weibchen die Geschlechtsöffnungen im vorderen Bereich des Hinterleibs zwischen den Buchlungen. Um das Sperma aber nun in die Bulben zu bekommen, bedienen sich die Männchen eines Tricks. Sie weben ein feines Netz zwischen Boden und einer senkrechten Fläche, einem Stein oder einer Wurzel und geben darauf einen Tropfen Sperma ab. Dieses schräge, an eine Hängematte erinnernde Netz wird im Terrarium meist zwischen Scheibe und Boden gebaut. Die Stelle, auf der das Sperma abgesetzt wird, ist zuvor mit einer besonderen Spinnseide überzogen worden, die aus dem bauchseitigen Spinnfeld stammt, das zur Geschlechtsbestimmung herangezogen wird. Nach dem Absetzen werden die beiden pipettenförmigen Bulben mit ihrer Spitze in das Sperma eingetaucht und befüllt. Erst nach dem Bau eines Spermanetzes und der Füllung der Bulben ist das Männchen paarungsbereit.

Der Bulbus an der Spitze des Tasters ist deutlich beim Männchen zu sehen.

Paarungsbecken

Für den Anfang sollte auf jeden Fall ein so genanntes Paarungsbecken benutzt werden, bis man mit dem Paarungsverhalten der Tiere vertraut ist und Erfahrung mit Vogelspinnen-Paarungen gesammelt hat.

Ein Paarungsterrarium unterscheidet sich von einem normalen durch eine etwas „übersichtlichere" Einrichtung. So wird häufig nur eine gebogene Korkröhre als Versteck auf den Bodengrund gestellt und auf eine Bepflanzung und sonstige Dekoration verzichtet. Der Bodengrund sollte am besten dem entsprechen, der zur Einrichtung „normaler" Terrarien verwendet wird, also Lehmerde, Blumenerde oder ein Sand-Lehm-Gemisch.

Das Paarungsterrarium, das ohnehin nur für wenige Tage genutzt wird, braucht nicht zwingend eine Heizung, wenn es bei Zimmertemperatur aufstellt wird. Besitzt man nun ein erwachsenes Pärchen, so setzt man das Weibchen zuerst für einige Tage in das Paarungsbecken. Schon nach einer Nacht kann man zarte Spinnfäden auf dem Boden beobachten, die es hinter sich hergezogen hat. Normalerweise reichen ein oder zwei Nächte, bis man das Männchen am nächsten Abend dazusetzen kann.

Die Paarung

Kurz nach dem Einsetzen des *Brachypelma*-Männchens in das Paarungsbecken kann das Männchen schon anhand der Spinnfäden des Weibchens erkennen, ob dieses empfängnisbereit ist, und beginnt dann eventuell mit dem typischen Balzverhalten. Es beginnt sein Werbungsritual mit dem „leg tapping", einem kurzen heftigen Schlagen mit den Beinen.

Ist das Weibchen paarungsbereit, so antwortet es auf die Balz des Männchens, indem es rasch aus seiner Höhle herausgelaufen kommt und sich in Richtung des trommelnden Männchens bewegt. Dies kann manchmal etwas

> **DER PRAXISTIPP**
> Da Vogelspinnen nacht- oder dämmerungsaktiv sind, sollte man dies auch bei der Paarung berücksichtigen, besonders, wenn man noch nicht sehr vertraut mit dem Ablauf des Paarungsrituals ist. Zwar kann man *Brachypelma hamorii* auch tagsüber verpaaren, jedoch sollte man bei (den ersten) Paarungen die verstärkte Aktivität der Spinnen in den Abendstunden nutzen.

> **HYBRIDEN-ZUCHT VERMEIDEN**
> Vor einer Paarung sollte man sich auch darüber im Klaren sein, dass es sich bei beiden Tieren um „echte" *Brachypelma hamorii* und nicht um eine andere Art oder einen Hybriden handelt. Da innerhalb der Gattung *Brachypelma* fast alle Arten bei einer Kreuzung fruchtbare Nachkommen hervorbringen, sollten Sie besonders anhand der Beinzeichnungen (siehe Kapitel „Verwandtschaft") ausschließen, dass Sie Exemplare verschiedener *Brachypelma*-Arten vor sich haben.

Die Paarung

> **WUSSTEN SIE SCHON ?**
> Das Paarungsverhalten von Vogelspinnen lässt sich nach SHILLINGTON & VERRELL (1997) in drei verschiedene Phasen einteilen:
> 1. „(leg) tapping": Gleichzeitiges, ruckhaftes und heftiges Schlagen mit den Vorderbeinen und Tastern
> 2. „palpal drumming": Abwechselndes Trommeln mit den Tastern
> 3. „quiver": Hochfrequentes Vibrieren mit dem ganzen Körper mit einer niedrigen Amplitude

verzögert geschehen, sodass das Weibchen erst nach ein paar Minuten auf das balzende Männchen reagiert, dafür dann aber umso heftiger und schneller.

Kommt es nun zum direkten Kontakt der Geschlechtspartner, trommelt das Männchen weiter, und das Weibchen antwortet mit gleichem Verhalten.

Handelt es sich um eine „normale" Paarung, so trommeln beide *Brachypelma* nun mit den Beinen. Beim Näherkommen versucht das Männchen, seine Tibiaapophysen des ersten Beinpaares so in Position zu bringen, dass es diese in die Chelizeren des Weibchens einhaken kann. Das Ein-

haken hat zwei Gründe: Zum einen fixiert es das Weibchen so, dass es dem Männchen ermöglicht, seinen Vorderkörper unter den des Weibchen zu schieben, um mit den Pedipalpen an die auf der Unterseite des Hinterleibs liegende Geschlechtsöffnung zu kommen. Und zum anderen schützt es das Männchen vor dem potenziell gefährlichen Weibchen. Die eigentliche Übertragung des Spermas dauert nicht lange, dazu inseriert das Männchen kreuzweise seine Kopulationsorgane und überträgt das Sperma. Der Vorgang kann nach noch nicht einmal einer Minute abgeschlossen sein.

Während das Männchen das Weibchen hochstemmt, kann man deutlich sehen, dass beide Spinnen vollkommen angespannt sind und sich heftig bewegen. Dabei scheint es, als ob das Weibchen versuche, das Männchen herunterzudrücken, und das Männchen mit aller Kraft dagegen arbeiten muss. Zu einem bestimmten Zeitpunkt aber kommt es zu einem Erschlaffen des Weibchens, und sein Körper knickt fast vollständig nach hinten über. Ist dies zu beobachten, kann man sich sehr sicher sein, dass diese Paarung gut verläuft. Allerdings soll dies

> **DER PRAXISTIPP**
> Manch ein Terrarianer hat schon eine Paarung von Vogelspinnen abgebrochen, weil er meinte, dass das Weibchen das Männchen fressen wollte. Falls man unsicher ist, empfiehlt es sich, die erste Verpaarung seiner Spinnen zusammen mit einem erfahreneren Terrarianer durchführen zu lassen. Zur Sicherheit sollte man aber zwei offene Heimchenboxen zur Hand haben, um die Spinnen zu trennen. Die Heimchenboxen werden in der kritischen Phase einfach über die Tiere gestülpt, um so die meist schwächeren Männchen vor den kräftigen Weibchen zu schützen.

Die Paarung

nicht bedeuten, dass man von diesem Zeitpunkt an sorglos sein kann und die Tiere nicht mehr zu beobachten braucht, denn auch nach der Paarung kann es hin und wieder zu Kannibalismus kommen.

Nach der Paarung bleiben manche Spinnen noch bis zu eine Minute lang unbeweglich sitzen. Die Männchen von *B. hamorii* entfernen sich häufig sehr hektisch aus der Reichweite des Weibchens, um nicht doch noch verspeist zu werden.

Ein weiteres Indiz für eine gelungene Paarung ist das Putzverhalten danach. Beide Geschlechtspartner fangen dann an, Vorderbeine und Taster durch die Mundwerkzeuge zu ziehen und so zu reinigen (VON WIRTH, 1996).

Auch wenn eine Paarung im Terrarium rund ums Jahr möglich ist, sind nicht alle Paarungsversuche von einem Kokon und somit einer reichhaltigen Nachkommenschaft gekrönt. Um einen Nachzuchterfolg nahezu zu garantieren, hat es sich bewährt, Jahreszeiten zu simulieren. Über das Jahr hinweg werden die Tiere bei erfahrenen Züchtern relativ trocken bei ca. 50–60 % relativer Luftfeuchtigkeit und einer Temperatur von ungefähr 28 °C gehalten. Alle sechs Wochen wird die im Becken befindliche Wasserschale mit Wasser angefüllt, das man anschließend verdunsten lässt. Während des Winters wird für sechs Wochen die Heizung abgestellt und nicht mehr gefüttert. Die Temperaturen können dann durchaus auf 10 °C sinken, steigen aber nie über 20 °C. Bevor man bei *B. hamorii* eine Winterruhe ansetzt, werden

> **WUSSTEN SIE SCHON?**
> Das intensive Trommeln mit den Beinen beider Vogelspinnen wird als „leg fencing" („Bein-Fechten") bezeichnet. Es leitet das so genannte „clasp"-Verhalten des Männchens ein: Dieses hakt seine Tibia-Apophysen in die Cheliziren des Weibchens ein. Durch dieses „clasp" (Einhaken) kann das Männchen den Vorderkörper des Weibchens anheben und ist vor dem Zubeißen seiner Partnerin geschützt.

Geöffneter Kokon von *Brachypelma* mit Eiern

Die Paarung

> **WUSSTEN SIE SCHON?**
> Hält man mehrere Vogelspinnen in einer Regalanlage, so kann man häufig „Massenhäutungen" beobachten. Dabei häuten sich in einem Zuchtraum beinahe alle Spinnen, die auf einem Regalbrett stehen, synchron. Dieses Phänomen lässt sich auf Häutungshormone, die Ecdysteroide, zurückführen, deren Konzentration in der Hämolymphe jahreszeitlichen Schwankungen unterworfen ist. Bei der Häutung werden die leicht flüchtigen Hormone freigesetzt, wirken auf die übrigen Spinnen und lösen die synchronen Häutungen aus.

die Weibchen im Herbst verpaart und noch einmal kräftig gefüttert, bis sie kein Futter mehr annehmen. Alle jetzt gespeicherten Reserven können während der Winterruhe für die Produktion der Eier genutzt werden.

Diese sechswöchige Abkühlung reicht aus, *B. hamorii* den trockenen und kühlen mexikanischen Winter zu simulieren. Das Frühjahr beginnt in Mexiko dann wieder mit ansteigenden Temperaturen und ab etwa Juni folgen heftige Regenfälle. Auch dies wird im Terrarium nachgeahmt und ist wichtig für die Auslösung des Kokonbauverhaltens der im Herbst verpaarten Weibchen. Hierzu wird die Temperatur wieder auf 28 °C angehoben und der Bodengrund ausgiebig gewässert. Es ist zu beachten, dass der Boden zwar sehr nass sein kann, aber niemals „wegschwimmen" sollte. Zudem ist es wichtig, den Spinnen immer eine trockene Stelle zu bieten, wie einen Stein oder einen Wurzelstock.

Nach erfolgreicher Paarung im Herbst, einer Winterabkühlung und ausreichender Fütterung beginnt im Frühjahr der Kokonbau.

Prälarven von *Brachypelma* zehren von einem großen Dottervorrat und werden daher in englischsprachigen Raum als „eggs with legs" bezeichnet.

Dazu spinnen *B. hamorii* ein kugelförmiges Gespinst, in dem sie dann bis zu 600 Eier ablegen. Dieses mehrlagige Gespinst wird dann zu einem ungefähr tischtennisballgroßen großen Kokon zusammengesponnen. Die Weibchen tragen ihren Kokon normalerweise mit den Chelizeren und den Pedipalpen und verteidigen ihn heftig gegen jeden Angreifer. Während der Kokonbewachung fressen die Weibchen nichts und zehren von den nach der Winterruhe angefressenen Vorräten.

> **WUSSTEN SIE SCHON?**
> *Brachypelma-hamorii*-Kokons enthalten nicht immer rund 600 Eier. Erfahrene Züchter berichten, dass manche Kokons nur 300, dafür aber deutlich größere Eier beinhalten. Die sich daraus entwickelnden Nymphen sind denen aus einem großen Kokon ungefähr drei Monate in der Entwicklung voraus. So unterscheiden sich schon die ersten Nymphenstadien: Exemplare des ersten Nymphenstadiums aus einem 300er-Kokon sind schon so groß wie solche des zweiten Nymphenstadiums eines 600er-Kokons.
> Diese unterschiedliche Entwicklung liegt wahrscheinlich daran, dass die deutlich größeren *Brachypelma*-Nymphen sich während des Prälarvenstadiums von unbefruchteten so genannten Nähreiern ernährt haben.

Entwicklung

Innerhalb des Kokons entwickeln sich die Eier in den nächsten Wochen zu kleinen Spinnen und durchlaufen verschiedene Stadi-

en. Jedes Stadium ist durch einen Größenzuwachs und eine zunehmende Ausbildung der Sinnesorgane und Behaarung begleitet und von dem nächsten durch eine Häutung getrennt. Wie schon oben erwähnt, häuten sich alle Spinnen und somit auch *Brachypelma hamorii* während ihrer Entwicklung. Die verschiedenen Stadien in der Entwicklung werden oft in Vogelspinnen-Büchern mit unterschiedlichen Namen belegt. Auch hier helfen die anfangs etwas schwierig und verwirrend anmutenden wissenschaftlichen Namen, Klarheit bei der Bezeichnung zu schaffen.

Die Entwicklung bei *B. hamorii* lässt sich in drei Entwicklungs-

Entwicklung

perioden einteilen (nach VACHON 1957): Embryonalperiode – Larvalperiode – Nymphoimaginalperiode.

Bei der Embryonalperiode handelt es sich um die Entwicklung im Ei, das bei *B. hamorii* ca. 3 mm groß ist. Die Befruchtung der Vogelspinneneier findet nicht im Körper des Weibchens statt, sondern erst einige Stunden nach der Eiablage, da erst dabei die Eier mit den Spermien zusammenkommen.

Die Embryonal-Entwicklung endet nach ca. 20 Tagen, wenn die so genannte Prälarve aus der Eihülle schlüpft. Diese kaum beweglichen Prälarven erinnern mit ihren kugelrunden Hinterleibern eher an vollgesogene Zecken als an kleine Spinnen. In den Tagen vor der nächsten Häutung schimmern die ersten Haare des Larvenstadiums durch ihre durchsichtige Haut und lassen die Prälarven dunkel erscheinen.

Nach der Häutung zur Larve zeigen sich deutlich Unterschiede zur wenig beweglichen Prälarve. Neben der ersten spärlichen Behaarung weisen die Larven auch schon deutlich ausgebildete Chelizeren, Krallen und Spinnwarzen auf. Dies ist das Stadium, in dem sie den Kokon verlassen, aber noch im Bau der Muter bleiben. Erst nach der nächsten Häutung zum ersten Nymphenstadium sieht man eine deutliche Behaarung, und alle Sinnesorgane und das Verdauungssystem der jungen Vogelspinne sind vollkommen ausgebildet. In diesem Sta-

Entwicklung

Bei jungen Nymphen ist noch nicht die typische Färbung von *Brachypelma hamorii* zu erkennen, lediglich die schwarzen Brennhaare auf dem Hinterleib fallen auf.

dium verlassen die kleinen *B. hamorii* den Bau der Mutter und ernähren sich nun selbstständig. Auch wenn bis auf die Genitalien alle Organe vollständig entwickelt sind, so ähneln die ersten bräunlichen Nymphenstadien kaum einem voll ausgefärbten erwachsenen Tier. Aber auch bei den ersten Nymphenstadien ist schon deutlich ein schwarzes Feld von Brennhaaren auf dem Hinterleib zu sehen.

Mit zunehmendem Alter wird die Behaarung der jungen *B. hamorii* dichter und ähnelt mehr und

Entwicklung

Kleinbild-Filmdosen sind kostengünstig, können Platz sparend gestapelt werden und ermöglichen ein effizientes Füttern.

mehr derjenigen der erwachsenen Spinnen. Ab einer Größe von ca. 2 cm ist schon die typische Beinzeichnung zu erahnen, aber erst mit gut 3 cm und ungefähr 18 Monate nach dem Verlassen des Kokons sind die Farben voll ausgeprägt. Mit mehr als 2 cm Carapaxlänge oder 5–6 cm Gesamtlänge sind die Weibchen dann erwachsen und werden auch als adult bezeichnet. Häufig liest man von subadulten weiblichen *Brachypelma*; damit wird dann impliziert, dass die weibliche Spinne bei der nächsten Häutung erwachsen sein wird. Genau genommen wird nur ein einziges Stadium als subadult bezeichnet

Aufzucht

(nämlich das vor der Reifehäutung) und nicht, wie häufig angenommen, eine ganze Reihe an Nymphenstadien.

Aufzucht

Hat man nun *Brachypelma hamorii* erfolgreich verpaart und das Weibchen einen Kokon gebaut, kann man sich auf reichlichen Zuwachs freuen. Bevor es aber zur großen Enttäuschung kommt, weil das Weibchen den Kokon auffrisst, sollte man ihn nach ungefähr 5–6 Wochen dem Muttertier abnehmen. Es passierte nämlich schon auch erfahrenen Züchtern, dass ein Weibchen von *B. hamorii* in der siebten Woche nach dem Kokonbau den Nachwuchs auffraß. Über die möglichen Gründe für ein solches Verhalten in einer so späten Phase lässt sich nur spekulieren, denn normalerweise fressen *B. hamorii* unbefruchtete oder schlecht entwickelte Kokons bereits während der ersten Wochen nach dem Bau.

Um an den Kokon eines Weibchens zu gelangen, bedarf es ein klein wenig Mutes und Entschlos-

Zur Aufzucht von *Brachypelma hamorii* werden, der Größe entsprechend, verschiedene Plastikbehälter benutzt: Kleinbild-Filmdose, *Drosophila*-Dose, Soßen-Becher, Heimchenbox (von links).

Aufzucht

senheit, denn das Tier verteidigt seinen Nachwuchs heftig. In der Praxis hat es sich bewährt, das Weibchen mit einem langen Holzlöffel oder einem flachen Pfannenheber vom Kokon zu drängen, diesen mit einer langen Pinzette zu greifen und aus dem Terrarium zu nehmen.

Was macht man nun mit einem sechs Wochen alten Kokon? Zuerst einmal muss man ihn öffnen, denn er ist vollständig geschlossen. Dazu hebt man ihn an, sodass sich der Nachwuchs an seinem Boden sammelt, und schneidet mit einer Nagelschere vorsichtig nahe dem Haltepunkt ein. Nun öffnet man den Kokon sachte, um hineinsehen zu können. Im Normalfall hat man Prälarven vor sich, die kurz vor der Häutung zur Larve stehen. Solange sich die Tiere noch im Prälarven- oder Larvenstadium befinden, bringt man den Nachwuchs zusammen in einer oder mehreren Heimchenboxen unter. Den

Oberhalb der Brennhaare auf dem Hinterleib sind bei diesem Jungtier gut das längs verlaufende Herz und eine abgehende Arterie zu sehen.

Aufzucht

Boden der Heimchendose legt man mit zwei Küchenpapier-Blättern aus – diese passen auf Viertel gefaltet in die Plastikbox und wölben sich an den Ecken auf, sodass die Prälarven nicht seitlich unter das Küchenpapier fallen können. Bevor man sie jedoch in die so präparierte Heimchendose einbringt, befeuchtet man jede Ecke mit wenigen Tropfen Wasser leicht und lässt die Feuchtigkeit durch das Küchenpapier ziehen. Nachdem man nun ungefähr 10 Minuten gewartet hat, bis die Feuchtigkeit gleichmäßig durch das Papier gezogen ist, kann man die Prälarven vorsichtig in die Heimchenboxen geben. Dabei sollten die Tiere nur in einer Lage eingebracht und je nach Bedarf auf weitere Dosen verteilt werden. Zum Abschluss wird ein ebenfalls nur leicht angefeuchtetes auf Viertel gefaltetes Küchenpapier auf die Heimchendose gelegt und mit dem Deckel verschlossen. Nun können die so aufgeteilten Prälarven bei ihrer Entwicklung beobachtet werden. Aber auch in diesem und dem darauf folgenden Stadium, in dem die kleinen Spinnen noch nicht gefüttert werden müssen, bedürfen sie ein wenig Pflege; aber noch viel wichtiger ist die tägliche Kontrolle. Dazu überprüft man mit dem Finger die Feuchtigkeit des Küchenpapiers, das immer ein wenig feucht, aber nicht nass sein sollte. Außerdem müssen die Prälarven ein wenig bewegt werden, was normalerweise die Mutter durch Drehen des Kokons übernimmt. Dazu rüttelt man die Heimchendosen vorsichtig seitlich, sodass die Prälarven ein wenig hin und her rollen, aber nicht „umherfliegen".

Eine weitere wichtige Kontrolle ist das Überprüfen des Gesundheitszustands der Prälarven, zum einen auf dunkle Verfärbungen, zum anderen auf Parasiten wie Milben oder Fliegenlarven. Bei fehlender Kontrolle können innerhalb weniger Tage alle Prälarven einer Box von Milben befallen werden und sind dann nur noch mit großer Mühe zu retten. Bei beginnendem Befall kann man die Milben mit einem feinen, in Alkohol getränkten Pinsel oder einem Wattestäbchen absammeln. Sind nach mehreren Wochen und versäumter Kontrolle schon mehrere hundert Tieren befallen, kann man meist nur noch die noch nicht vollkommen übersäten Tiere heraussammeln und reinigen. Schlimmer noch ist fehlende Feuchtigkeit, die Prälar-

Aufzucht

ven nach einigen Tagen vertrocknen lässt.

Die Heimchenboxen mit den sich entwickelnden Jungspinnen müssen nicht zusätzlich beheizt werden, hier reicht Zimmertemperatur völlig aus. Einige Tage nach der Entnahme des Kokons häuten sich die Prälarven zur Larve und ähneln damit schon eher einer Spinne, wenngleich noch einer recht wenig behaarten. In diesem Stadium verlassen die Jungtiere in der Natur den Kokon, bleiben aber noch bis zur nächsten Häutung im Bau der Mutter. Erst im Nymphenstadium verlassen die Kleinen die mütterliche Wohnröhre. Noch während der Nachwuchs im Prälarven- oder Larvenstadium ist, sollte man sich bereits mit dem Gedanken vertraut machen, bald vielleicht 600 winzige Spinnen versorgen und vor allen Dingen zuerst einmal unterbringen zu müssen.

Im Nymphenstadium beginnen die kleinen Spinnen selbstständig Beute zu jagen und sollten dann, wenn möglichst viele Tiere einer Nachzucht übrig bleiben sollen, getrennt werden. Die nun ca. 5 mm großen Nymphen werden zuerst in Kleinbild-Filmdosen untergebracht, die mit einer ca. 1–1,5 cm hohen, leicht feuchten Torfschicht versehen worden sind. Als Futter können zuerst *Drosophila* oder Mikro-Heimchen dienen. Davon werden jedem Tier einzeln ca. 2–3 Insekten entsprechend der Körpergröße verfüttert.

Nach zwei Tagen sollte wiederum kontrolliert werden, ob die Futtertiere alle gefressen wurden. Eventuell übrig gebliebene Futterreste oder noch lebendes Futter entfernen Sie.

Auch die kleinen Spinnen können mal eine oder zwei Wochen auf Futter verzichten, z. B. während des Urlaubs Dann sind die Nymphen aber kühler zu stellen und genügend feucht zu halten. Dies kann man ganz einfach erreichen, indem man die Filmdosen oder Heimchenboxen in eine größere Plastikkiste stellt, die zuvor mit einem feuchten Tuch ausgelegt wurde.

Werden die Dosen mit sehr jungen Nymphenstadien nicht, wie zuvor beschrieben, in größeren Boxen untergebracht, trocknen sie recht schnell aus, und es ist darauf zu achten, dass regelmä-

> **DER PRAXISTIPP**
> Ideale Aufzuchtbehälter für die ersten Nymphenstadien sind leere Filmdosen, die man normalerweise kostenlos in Fotogeschäften erhält. Die gebrauchten Filmdosen sollte man aber vor Gebrauch ausspülen und danach einen Tag lüften lassen. In die Deckel der Dosen sollten immer einige kleine Luftlöcher gestochen werden.

Aufzucht

Bei ungefähr 2 cm großen Jungtieren kann man schon die spätere Färbung von *Brachypelma hamorii* erahnen.

ßig mindestens einmal pro Woche die Feuchtigkeit kontrolliert wird. Dabei sollte der Torf aber auch nicht zu nass sein, sondern nur ein wenig feucht.

Wenn die Jungtiere ungefähr 1 cm groß sind, sollten sie in größere Boxen umgesetzt werden. Häufig werden nun flache Plastikschalen mit Deckel verwendet, oder man setzt die kleinen *Brachypelma* sofort in eine Heimchenbox.

Die Aufzucht vom Ei bis zur voll ausgefärbten erwachsenen *Brachypelma hamorii* mit ihrer hübschen Beinzeichnung dauert mindestens drei, eher aber vier Jahre. Die gleiche Entwicklung vollzieht sich in der Natur in mindestens sechs Jahren und dauert damit fast doppelt so lang wie im Terrarium. Die sehr kurze Entwicklungszeit im Terrarium lässt sich auf das kontinuierliche Futterangebot über das ganze Jahr zurückzuführen. Mit Ihren Nachzuchten tragen Sie dazu bei, unnötige Wildfänge zu verhindern.

Resümee

ALLEINE die hübsche Farbzeichnung von *Brachypelma hamorii* macht bereits klar, warum sie zu den beliebtesten Vogelspinnen überhaupt gehört. Hinzu kommen aber auch das relativ ruhige Temperament der erwachsenen Spinnen und die beinahe fehlende Neigung, ihre Brennhaare abzustreifen.

Insgesamt kann man *B. hamorii* ohne große Bedenken auch einem Anfänger empfehlen, sofern er bei der Haltung die Herkunft seiner

Dank

ABschließend möchte ich mich noch bei meiner Frau, Barbara, für die kritische Durchsicht des Manuskripts und besonders für die Geduld während des vorübergehenden Umbaus unseres Wohnzimmers zum Boden eines mexikanischen Trockenwalds bedanken.

Des Weiteren gilt mein Dank Eddy Hijmensen (Deventer, Niederlande), Peter Klaas (Köln), Thomas Meining (Stuttgart) sowie Sascha Esser (Uckerath) und Thomas Schlumm (Siegburg) für die Bereitstellung von Spinnen und Kai Buhlmeyer (Bonn) für die Möglichkeit, Aufnahmen im „Aqua Terra Shop" zu machen. Fabian Vol (Toulon, Frankreich)

Weitere Informationen

ZUR Vertiefung der in diesem Buch gegebenen Informationen und zum tieferen Einblick in terraristische und herpetologische Themenbereiche empfehlen sich die Mitgliedschaft in einem Verein gleichgesinnter Terrarianer sowie ein intensives Literaturstudium. Die folgenden Auflistungen sollen dabei behilflich sein, einen Einstieg in die Thematik zu finden, können aber natürlich nur einen kleinen Ausschnitt aufzeigen

Tiere aus den Trockengebieten Mexikos und deren Klima berücksichtigt. Dies bedeutet neben der artgerechten Pflege der Spinnen und entsprechender Einrichtung und technischer Ausstattung des Terrariums sowie einer Winterabkühlung mit einhergehender Futterpause auch eine simulierte Regenzeit sowie eine Absenkung der Temperatur bei Nacht. Unter Berücksichtigung dieser wenigen Grundsätze steht einer erfolgreichen Nachzucht nichts im Wege.

und Peter Klaas (Köln) bin ich für Informationen zum Lebensraum von *Brachypelma hamorii* in Mexiko sehr verbunden.

Einen ganz besonderer Dank möchte ich an Achim Graminske (Leutenbach) richten: Für die vielen Informationen und Diskussionen zur Entwicklung und Aufzucht von *B. hamorii* sowie für die Bereitstellung fast aller hier gezeigten weiteren *Brachypelma*-Arten.

Nicht zuletzt gilt ein ganz herzlicher Dank dem Natur und Tier - Verlag für die Möglichkeit, an dieser Reihe mitwirken zu können: Matthias Schmidt, Münster, sowie Kriton Kunz und Heiko Werning für das Lektorat.

Vereine und Interessengruppen

Arachnologische Gesellschaft
Dieser Verein beschäftigt sich mit allen arachnologischen Themen und verlegt eine Zeitschrift, die Arachnologischen Mitteilungen. Weitere Informationen sind im Internet unter www.arages.de zu finden.

Zeitschriften

- REPTILIA
Terraristik-Fachmagazin
Natur und Tier - Verlag GmbH
An der Kleimannbrücke 39/41
48157 Münster,
Tel.: 0251-133390
E-Mail: verlag@ms-verlag.de

Beispiele für regelmäßige Vogelspinnen- und Terraristik-Börsen:
- Terraristika Hamm, Zentralhallen

Weitere Termine sind regelmäßig der REPTILIA zu entnehmen.

Weiterführende und verwendete Literatur

A. Bücher

KLAAS, P. (2003): Vogelspinnen. – Eugen Ulmer, Stuttgart, 142 S.
MEINHARDT, M. (2004): Vogelspinnen. – Natur und Tier - Verlag, Münster, ca. 128 S.
SCHMIDT, G. (2003): Die Vogelspinnen. – Neue Brehm Bücherei, Hohenwartsleben, 330 S.
Smith, A.M. (1995): Tarantula Spiders: Tarantulas of the U.S.A. and Mexico. – Fitzgerald Publishing, London. 196 S.
STRIFFLER, B.F. (in Vorb.): Vogelspinnen – Theraphosidae. Systematik, Biologie & Haltung. – Natur und Tier - Verlag, Münster
VERDEZ, J. M. & F. CLÉTON (2001): Mygales - Découverte & Élevage. – Bornemann - Philippe Gérard Éditions, Paris. 192 S.
WIRTH, V. von (1996): Vogelspinnen - richtig pflegen und verstehen. – Gräfe und Unzer, München. 64 S.

B. Artikel

SCHNEIDER, F. (2004): „Schaum vorm Maul", ein alt bekannter Vogelspinnenparasit und seine Folgen. – DeArGe Mitteilungen 9(2): 4–11.
SHILLINGTON, C. & P. VERRELL (1997): Sexual strategies of a North American „Tarantula" (Araneae: Theraphosidae). – Ethology 103: 588–598.
STRIFFLER, B.F. (2003): Vogelspinnen – Biologie und Systematik. – DRACO 16(4): 4–19.
– & A. GRAMINSKE (2003): *Brachypelma* – die bunten Vogelspinnen aus Mexiko. – DRACO 16(4): 52–61.
VACHON, M. (1957): Contribution a l'étude du developpement postembryonaire des araignées. Première note. Généralités et nomenclature des stades. – Bulletin de la Société Zoologique de France 82: 337–354.